SÉRIE SUSTENTABILIDADE

O Desafio da Sustentabilidade na Construção Civil

Blucher

SÉRIE SUSTENTABILIDADE

JOSÉ GOLDEMBERG
Coordenador

O Desafio da Sustentabilidade na Construção Civil

VOLUME 5

VAHAN AGOPYAN
VANDERLEY M. JOHN

O desafio da sustentabilidade na construção civil
© 2011   Vahan Agopyan
           Vanderley M. John
3ª reimpressão – 2016
Editora Edgard Blücher Ltda.

Blucher

Rua Pedroso Alvarenga, 1245, 4° andar
04531-934 – São Paulo – SP – Brasil
Tel.: 55 11 3078-5366
contato@blucher.com.br
www.blucher.com.br

Segundo o Novo Acordo Ortográfico, conforme 5. ed.
do *Vocabulário Ortográfico da Língua Portuguesa*,
Academia Brasileira de Letras, março de 2009.

É proibida a reprodução total ou parcial por quaisquer
meios, sem autorização escrita da Editora.

Todos os direitos reservados pela Editora
Edgard Blücher Ltda.

FICHA CATALOGRÁFICA

Agopyan, Vahan
    O desafio da sustentabilidade na construção civil:
volume 5 / Vahan Agopyan, Vanderley M. John; José
Goldemberg, coordenador. – São Paulo: Blucher, 2011.

    (Série Sustentabilidade)
    ISBN 978-85-212-0610-1

    1. Construção civil 2. Desenvolvimento sustentável
3. Habitação 4. Habitação – Aspectos ambientais 5. Meio
ambiente 6. Política habitacional I. John, Vanderley M.
II. Agopyan, Vahan. III. Goldemberg, José. IV. Título.

11-07332   CDD-620

Índices para catálogo sistemático:
1. Construção civil e desenvolvimento sustentável:
Engenharia civil   620

Apresentação

Prof. José Goldemberg
Coordenador

O conceito de desenvolvimento sustentável formulado pela Comissão Brundtland tem origem na década de 1970, no século passado, que se caracterizou por um grande pessimismo sobre o futuro da civilização como a conhecemos. Nessa época, o Clube de Roma – principalmente por meio do livro *The limits to growth* [*Os limites do crescimento*] – analisou as consequências do rápido crescimento da população mundial sobre os recursos naturais finitos, como havia sido feito em 1798, por Thomas Malthus, em relação à produção de alimentos. O argumento é o de que a população mundial, a industrialização, a poluição e o esgotamento dos recursos naturais aumentavam exponencialmente, enquanto a disponibilidade dos recursos aumentaria linearmente. As previsões do Clube de Roma pareciam ser confirmadas com a "crise do petróleo de 1973", em que o custo do produto aumentou cinco vezes, lançando o mundo em uma enorme crise financeira. Só mudanças drásticas no estilo de vida da população permitiriam evitar um colapso da civilização, segundo essas previsões.

A reação a essa visão pessimista veio da Organização das Nações Unidas que, em 1983, criou uma Comissão presidida pela Primeira Ministra da Noruega, Gro Brundtland, para analisar o problema. A solução proposta por essa Comissão em seu relatório final, datado de 1987, foi a de recomendar um padrão de uso de recursos naturais que atendesse às atuais necessidades da humanidade, preservando o meio ambiente, de modo que as futuras gerações poderiam também atender suas necessidades. Essa é uma visão mais otimista que a visão do Clube de Roma e foi entusiasticamente recebida.

Como consequência, a Convenção do Clima, a Convenção da Biodiversidade e a Agenda 21 foram adotadas no Rio de Janeiro, em 1992, com recomendações abrangentes sobre o novo tipo de desenvolvimento sustentável. A Agenda 21, em particular, teve uma enorme influência no mundo em todas as áreas, reforçando o movimento ambientalista.

Nesse panorama histórico e em ressonância com o momento que atravessamos, a Editora Blucher, em 2009, convidou pesquisadores nacionais para preparar análises do impacto do conceito de desenvolvimento sustentável no Brasil, e idealizou a *Série Sustentabilidade*, assim distribuída:

1. **População e Ambiente: desafios à sustentabilidade**
   Daniel Joseph Hogan/Eduardo Marandola Jr./Ricardo Ojima

2. **Segurança e Alimento**
   Bernadette D. G. M. Franco/Silvia M. Franciscato Cozzolino

3. **Espécies e Ecossistemas**
   Fábio Olmos

4. **Energia e Desenvolvimento Sustentável**
   José Goldemberg

5. **O Desafio da Sustentabilidade na Construção Civil**
   Vahan Agopyan/Vanderley M. John

6. **Metrópoles e o Desafio Urbano Frente ao Meio Ambiente**
   Marcelo de Andrade Roméro/Gilda Collet Bruna

7. **Sustentabilidade dos Oceanos**
   Sônia Maria Flores Gianesella/Flávia Marisa Prado Saldanha-Corrêa

8. **Espaço**
   José Carlos Neves Epiphanio/Evlyn Márcia Leão de Moraes Novo/Luiz Augusto Toledo Machado

9. **Antártica e as Mudanças Globais: um desafio para a humanidade**
   Jefferson Cardia Simões/Carlos Alberto Eiras Garcia/Heitor Evangelista/Lúcia de Siqueira Campos/Maurício Magalhães Mata/Ulisses Franz Bremer

10. **Energia Nuclear e Sustentabilidade**
    Leonam dos Santos Guimarães/João Roberto Loureiro de Mattos

O objetivo da *Série Sustentabilidade* é analisar o que está sendo feito para evitar um crescimento populacional sem controle e uma industrialização predatória, em que a ênfase seja apenas o crescimento econômico, bem como o que pode ser feito para reduzir a poluição e os impactos ambientais em geral, aumentar a produção de alimentos sem destruir as florestas e evitar a exaustão dos recursos naturais por meio do uso de fontes de energia de outros produtos renováveis.

Este é um dos volumes da *Série Sustentabilidade*, resultado de esforços de uma equipe de renomados pesquisadores professores.

Referências bibliográficas

Matthews, Donella H. et al. *The limits to growth*. New York: Universe Books, 1972.

WCED. *Our common future*. Report of the World Commission on Environment and Development. Oxford: Oxford University Press, 1987.

Prefácio

Vahan Agopyan
Vanderley M. John

O setor da construção é essencial para atender necessidades e anseios da sociedade, ao proporcionar abrigo, conforto e qualidade de vida para indivíduos, famílias e comunidades, estimular o crescimento e produzir riquezas para comunidades, empresas e governos.

O setor é responsável pela implantação de infraestrutura de base como geração de energia, saneamento básico, comunicações, transporte e espaços urbanos, além da execução de edifícios públicos e privados, com o objetivo de prover moradia, trabalho, educação, saúde e lazer em nível de cidade, estado e nação.

Ao mesmo tempo, o setor também é responsável por uma parcela significativa do consumo de recursos naturais, incluindo energia e água, além de ser um dos maiores responsáveis pela geração de resíduos sólidos e pela emissão de gases de efeito estufa.

Além disso, a construção tem, em grande parte dos casos, um ciclo de vida bastante longo, de ao menos 30 a 50 anos, o que torna complexas as análises dos seus impactos positivos e negativos, no sentido de escolher a melhor estratégia para conceituação, projeto, materiais e tecnologias que devem estar presentes nos espaços construídos, de forma a proporcionar melhor qualidade do ambiente no que tange aos anseios dos usuários e da comunidade e, ao mesmo tempo, atender aos requisitos de confiabilidade, eficiência e racionalidade no uso de recursos naturais que são limitados, a durabilidade esperada e a flexibilidade de usos ou adaptações às demandas futuras.

Ao ler este livro, entendo que este texto não tem a pretensão de encerrar o assunto, mas sim de abrir dimensões e fronteiras com o objetivo de inserir inovações e novas oportunidades para o setor da construção, que deve migrar nos próximos anos a um novo patamar de qualidade, que considera os limites naturais do planeta, as consequências das mudanças climáticas, as questões sociais ainda não resolvidas e os impactos gerados pelo lixo e por resíduos e emissões de poluentes e gases de efeito estufa.

Finalmente, vale ressaltar o aspecto da análise sistêmica que está presente ao longo dos vários capítulos do livro, importante para se otimizar o ambiente construído do ponto de vista social, econômico e ambiental, por meio de soluções que integram materiais, tecnologias passivas e ativas, e ações de conscientização a usuários e investidores para demandarem mais eficiência e qualidade do ambiente construído.

Marcelo Takaoka

Presidente do
CBCS – Conselho Brasileiro
de Construção Sustentável

Conteúdo

1 **Construção e desenvolvimento sustentável, 13**

    1.1   Apresentação do tema, 13

    1.2   A sociedade e a sustentabilidade, 19

    1.3   Oportunidades para a inovação, 21

    1.4   A necessidade de visão sistêmica, 23

2 **Construção e sustentabilidade – Um breve histórico, 27**

    2.1   Contexto, 27

    2.2   A realidade brasileira atual, 34

3 **A contribuição da construção para as mudanças climáticas, 39**

    3.1   Fundamentos, 39

    3.2   Emissões de CO_2 da construção civil, 42

        3.2.1   Produção de materiais de construção, 43

        3.2.2   Uso dos edifícios, 47

        3.2.3   Transporte de materiais e resíduos, 49

        3.2.4   Outros, 50

    3.3   Impacto e adaptação do ambiente construído, 50

    3.4   Conclusões, 52

4 Cadeia produtiva de materiais e de componentes e a sustentabilidade, 57

4.1 Introdução – o fluxo de materiais, 57

4.2 A intensidade de consumo dos materiais da construção, 59

4.3 Impactos ambientais de materiais, 61

4.4 Impactos ao longo do uso, 63

4.5 Impactos sociais dos produtos, 66

4.6 Seleção de produtos: os equívocos mais comuns, 68

4.7 Exemplos de novos materiais para a construção sustentável, 73

4.8 O desafio dos resíduos da construção, 74

5 Durabilidade e construção sustentável, 85

5.1 Introdução, 85

5.2 A inevitável degradação dos materiais, 86

5.3 Benefícios potenciais do aumento da vida útil, 89
5.3.1 Ambientais, 89
5.3.2 Econômicos, 89
5.3.3 Sociais, 90

5.4 Avaliação de impactos ambientais e o planejamento da vida útil, 91

5.5 A durabilidade de soluções inovadoras, 92

5.6 Comentários finais, 95

6 Informalidade e a sustentabilidade social e empresarial, 99

6.1 Introdução, 99

6.2 Recursos humanos, 102

6.3 Usuários e clientes, 108

6.4 Informalidade, 111

7 Outras ações e considerações finais, 123

7.1 Água e construção sustentável, 124

7.2 Energia, 128

7.3 Certificação de produtos e empreendimentos, 131

7.4 Considerações finais, 137

1 Construção e desenvolvimento sustentável

1.1 Apresentação do tema

Neste livro, o conceito de **sustentabilidade** é entendido no seu sentido amplo, conciliando aspectos ambientais com os econômicos e os sociais, item que inclui aspectos culturais. É necessário reconhecer que os aspectos ambientais (*green*) têm, neste momento, uma maior repercussão, tanto na mídia quanto em estratégias de marketing, fato bastante preocupante em um país com problemas sociais e econômicos como o Brasil. O tripé ambiente–economia–sociedade deve ser considerado de uma maneira integrada, pois, do contrário, não teremos um desenvolvimento sustentável: o desafio é fazer a economia evoluir, atendendo às expectativas da sociedade e mantendo o ambiente sadio para esta e para as futuras gerações.

A cadeia produtiva da Construção Civil é responsável pela transformação do ambiente natural no ambiente construído, que precisa ser permanentemente atualizado e mantido. Todas as atividades humanas dependem de um ambiente construído, cujo tamanho é dado pela escala humana e pelo planeta e não pode ser miniaturizado, embora em muitos casos esteja sendo diminuída a quantidade de espaço disponível, para alguns extratos da população. O tamanho planetário do ambiente construído implica grandes impactos ambientais, incluindo o uso de uma grande quantidade de materiais de construção, mão de obra, água, energia e geração de resíduos.

A demanda dos países em desenvolvimento por um ambiente construído maior e de melhor qualidade – condição para uma sociedade justa – vai exigir um acentuado crescimento do setor: espera-se que a indústria de materiais de construção cresça duas vezes e meia entre 2010 e 2050 em nível mundial, sendo que nos países em desenvolvimento (excluída China e Índia) 3,2 vezes[1]. No Brasil, a expectativa é que o setor da construção dobre de tamanho até o ano 2022[2].

Infelizmente, a cadeia produtiva da Construção Civil e os órgãos governamentais, em nível internacional, demoraram a perceber esse impacto e, atualmente, são forçados a mudanças culturais, tecnológicas e de comportamento para atender às demandas de uma sociedade cada vez mais bem esclarecida e exigente em relação à preservação do meio ambiente.

Por não termos reagido a tempo, não apenas no Brasil, o setor encontra-se na incômoda situação de ser apontado como o vilão da Natureza, sendo obrigado a defender-se de duras críticas de lideranças e instituições, que, muitas vezes, desconhecem a complexidade desse macrossetor da economia. Muitas soluções e conceitos apresentados como inquestionáveis e universais são, em muitas situações, inócuos ou, até mesmo, apresentam impactos ambientais e sociais negativos, podendo colocar em risco a própria qualidade de vida da sociedade. Talvez por ser percebida como uma atividade simples – afinal uma parte substancial da construção de edifícios é feita sem assistência profissional, sem que grandes perdas de desempenho sejam evidentes – muitos se julgam competentes para opinar e apresentar soluções de sustentabilidade para um tema que, como demonstraremos neste livro, é complexo.

De uma forma resumida, o impacto ambiental da Construção Civil depende de toda uma enorme cadeia produtiva: extração de matérias-primas; produção e transporte de materiais e componentes; concepção e projetos; execução (construção), práticas de uso e manutenção e, ao final da vida útil, a demolição/desmontagem, além da destinação de resíduos gerados ao longo da vida útil. Esse processo é influenciado por normas técnicas, códigos de obra e planos diretores e ainda políticas públicas mais amplas, incluindo as fiscais. Todas essas etapas envolvem recursos ambientais, econômicos e têm impactos sociais que atingem a todos os cidadãos, empresas e órgãos governamentais, e não apenas aos seus usuários diretos. O aumento da sustentabilidade do setor depende de soluções em todos os níveis, articuladas dentro de uma visão sistêmica.

A cadeia produtiva de materiais e componentes de construção, isoladamente, tem impacto significativo que precisa ser mitigado. A gama de produtos ofertados (ou aqueles não ofertados) limita as opções para projetistas e consumidores. E, dessa forma, influi decisivamente no impacto ambiental de edifícios e obras ao longo do seu ciclo de vida.

Normas técnicas, códigos de obra e planos diretores limitam a liberdade de eleger soluções – muitas vezes, dificultando as inovações –, permitindo e, até mesmo, forçando soluções que aumentam o impacto ambiental ao longo da vida útil do edifício, – por exemplo, ao demandar maior energia para condicionamento ambiental, por deficiência de ventilação. Por outro lado, esses documentos têm um enorme potencial de incentivar e orientar o setor a adotar soluções mais sustentáveis, um aspecto que ainda não foi adequadamente explorado.

Políticas públicas, inclusive fiscais, incentivam ou desestimulam soluções e produtos no mercado. No entanto, em um país onde boa parte da economia é informal, o poder de influência desse tipo de política e da normalização é relativo – atinge apenas aqueles que escolhem trabalhar dentro da formalidade. Um aspecto particularmente grave da informalidade é que políticas públicas que gerem (mesmo que em um primeiro momento) custos adicionais acentuam as vantagens competitivas dos informais – que não têm compromissos sociais e ambientais – o que pode eliminar as vantagens previstas pelo poder público e, até mesmo, retirar do mercado empresas formais.

As decisões de projeto, como localização das obras, a definição do produto a ser construído, o partido arquitetônico e a especificação de materiais e componentes, afetam diretamente o consumo de recursos naturais e de energia, bem como a otimização ou não da execução e o efeito global no seu entorno (corte, aterro, inundações, ventilação, insolação), sem falar nos impactos estéticos e urbanísticos mais amplos. Os insumos empregados são, por si só, grandes consumidores de recursos naturais e de energia, mas também podem absorver e servir para a reciclagem de resíduos agroindustriais.

Na fase de execução, ocorre a geração de uma parcela significativa de resíduos, fator muito preocupante nas áreas urbanas. O volume de resíduos gerado é agravado pelas já bem divulgadas perdas dos processos ainda não otimizados. Durante o uso e a manutenção, temos um constante consumo de energia e mais geração de resíduos. Por fim, na etapa de demolição, mais resíduos são gerados, em grandes volumes.

Apesar de uma conscientização tardia, a Construção Civil vem tomando ações decisivas para se tornar menos agressiva à Natureza, por meio de posturas cada vez mais proativas. As primeiras medidas mais consistentes são do início da década de 1990, com estudos mais sistemáticos e resultados mensuráveis, como reciclagem e redução de perdas e de consumo de energia. Tomadas predominante em países desenvolvidos, essas medidas estão focadas em aspectos ambientais.

Mesmo no nosso país, significativas mudanças ocorreram nas duas últimas décadas, como a criação da Câmara Ambiental da Indústria da Construção do Estado de São Paulo; o estudo de índices de perdas de materiais em escala nacional financiado pela Finep; a elaboração da Resolução Conama 307 sobre os resíduos; e, mais recentemente, selos – ainda voluntários – de eficiência energética de edifícios dentro do âmbito do Procel, o Programa Nacional de Uso Racional da Água. Destaca-se o Programa Brasileiro de Qualidade e Produtividade no Habitat (PBQP-H), que promoveu a qualidade da construção e, consequentemente, contribuiu para a sua sustentabilidade, como exemplo, facilitou a universalização das bacias sanitárias de baixo consumo de água. Paralelamente, tivemos o lançamento, no mercado, de inúmeros produtos para a economia de água (torneiras automáticas, e as já citadas bacias sanitárias de baixo consumo) e de energia (lâmpadas fluorescentes compactas, aquecedores solares), além de cimentos de baixo teor de clínquer, madeiras certificadas e plantadas etc. Essas iniciativas são muito importantes, pois representam redução real dos impactos socioambientais e uma mudança de mentalidade na sociedade. No entanto, ainda falta ao País uma política sistêmica, pois essas iniciativas atendem parcialmente aos anseios da sociedade. Falta também ao governo, em todos os níveis, dar exemplos concretos: as obras públicas, inclusive as habitacionais, ainda estão imunes a essa abordagem.

Aliás, as condicionantes culturais não podem ser menosprezadas, pois muitos profissionais e consumidores ainda consideram um componente que contém material reciclado – até mesmo soluções tradicionais utilizadas com vantagens por mais de 50 anos – como produto de segunda categoria, independentemente do seu desempenho técnico e ambiental. Isso não impede de comprarem, sem perceber, aço com até 90% de sucata. Outros ainda julgam como de boa qualidade um produto final que atenda às especificações, mesmo que para isso ele tenha sofrido vários reparos/retrabalhos, resultando em perdas e desperdícios, além de maior volume de resíduos. No outro extremo, temos aqueles que julgam que apenas por conterem resíduos ou não conterem determinadas substâncias, os produtos são sustentáveis. A cultura, o conhecimento e a habilidade dos usuários também são determinantes.

Como as ações são ainda, relativamente, tímidas comparadas com as de outras indústrias, mesmo nos países desenvolvidos, a Construção Civil sofre fortes pressões externas, com algumas decisões políticas não coerentes. Decisões que afetem o mercado de materiais e componentes, por exemplo, não afetam apenas as obras futuras, mas também influem nas existentes que necessitam de manutenção por décadas. Por exemplo, a proibição do uso de um componente com um determinado material deve ser acompanhada pelo oferecimento de um alternativo, com propriedades geométricas, físico-mecânicas e de durabilidade semelhantes, para permitir a reposição dos já aplicados nas construções existentes. Ou ainda, a obrigatoriedade de emprego de resíduos implica a alteração dos sistemas de produção de centenas ou milhares, quando não dezenas de milhares, de empresas de todos os portes, que geram empregos e riquezas em diferentes partes do País.

Assim, a Construção Civil deve enfrentar este novo desafio contundentemente, estabelecendo uma agenda com metas de curto, médio e longo prazo, propondo medidas e desenvolvendo programas que reduzam significativamente o impacto ambiental dessa atividade, em colaboração com o governo e as entidades ambientalistas para a melhoria da nossa qualidade de vida. O prazo deve ser suficiente para permitir ao mercado se ajustar adequadamente, evitando ou minimizando o desemprego, ou a elevação de preços dos produtos. Mais ainda, ela deve divulgar espontaneamente, e sem receios, os seus avanços e as suas dificuldades para que a sociedade como um todo seja bem informada e não adote medidas precipitadas e inadequadas. Por fim, não se pode esquecer que a Construção Civil pode, e já tem demonstrado no exterior, contribuir para a recuperação de áreas degradadas, passando a ser um instrumento útil para os ambientalistas.

No âmbito internacional, a contribuição do Conselho Internacional para a Pesquisa e a Inovação na Edificação e na Construção – International Council for Research and Innovation in Building and Construction (CIB)[1] – para o tema foi muito significativa, nas duas últimas dé-

---

1   Dados sobre o CIB estão disponíveis em: <www.cibworld.nl>.

cadas. O Congresso Mundial da Construção Civil, em 1998, organizado pelo CIB, na cidade de Gävle, Suécia, foi o destaque da atuação da entidade no assunto, e culminou com o lançamento do texto *Agenda 21 on sustainable construction* (Agenda 21 para a construção sustentável) em 1999, e que foi traduzido em português no ano seguinte[3]. Esse texto contou, ainda, com o apoio de outros organismos internacionais de Construção Civil, tornando-se um documento de caráter universal.

Apesar de todos os esforços dispendidos, o leitor mais atento pode perceber que o documento citado não contempla adequadamente a realidade dos países em desenvolvimento, apesar do cuidado dos autores em destacar os problemas do mundo não industrializado. No entanto, o documento, por sua abrangência, é um excelente guia para a preparação de políticas sobre este tema, em qualquer região ou país. Um dos objetivos principais da Agenda 21 é a de servir, inicialmente, como um alerta a todos os setores da Indústria da Construção Civil dos problemas ambientais com que interagem e da urgência em programar ações eficazes para combatê-los. Outra finalidade do texto é a de servir de orientação para a formulação de diretrizes, políticas, normativas e soluções para todos os setores, nas suas diversas atividades, a fim de torná-las ambientalmente mais favoráveis, pretendendo chegar à construção sustentável.

Procurando contribuir com os países em desenvolvimento, destacando essa abordagem de forma mais direta, o CIB patrocinou, juntamente com a Programa das Nações Unidas para o Meio Ambiente – United Nations Environment Programme (Unep) – a elaboração de um texto mais apropriado, que contou com a participação dos autores deste livro[4]. O documento não pretende ser definitivo, mas uma proposta orientativa de uma agenda de pesquisa para promover a sustentabilidade na construção local, bem como contribuir para divulgar o conhecimento dessa abordagem, mostrando que a sustentabilidade pode ser viável, mesmo em países com economia não consolidada. Esse tema será mais bem discutido no próximo capítulo.

A adaptação da Agenda 21 para o caso específico nacional existe[5], mas precisa ser atualizada, o que motivou a preparação deste livro.

Construção e desenvolvimento sustentável

1.2 A sociedade e a sustentabilidade

Há cerca de 250 anos nascia a sociedade industrial, fruto da aplicação dos conhecimentos científicos para resolver questões práticas. Nesse curto espaço de tempo, a sociedade industrial conseguiu dobrar a expectativa de vida do ser humano, fazendo com que a população do planeta tenha sido multiplicada por um fator de seis: somos mais de seis bilhões de humanos. Hoje, a moderna agricultura produz alimentos em quantidade superior a que é necessária para alimentar todos os seres humanos – a fome já não é inevitável. O cidadão médio do século XXI vive com mais conforto que o mais rico dos reis da Idade Média. É inquestionável que o desenvolvimento econômico, impulsionado pela aplicação sistemática de conhecimentos científicos, melhorou a qualidade de vida do ser humano. O crescimento continuado da produção de consumo de bens por uma população que cresceu seis vezes em 250 anos, levou o planeta a uma crise.

Em um país obcecado pela preservação da Amazônia, a questão da sustentabilidade parece uma questão florestal, que pouco tem a ver como o nosso dia a dia urbano. Ainda são poucas as pessoas que percebem que as ações do dia a dia, como a decisão de consumir ou não determinado produto, o tamanho do automóvel ou da casa a ser construída, o hábito de apagar a luz ou mantê-la acesa e a seleção de um fornecedor entre os vários disponíveis, são importantes para a sustentabilidade global. O ato de adquirir madeira ilegal ou carne de gado criado na Amazônia, por exemplo, fornece as bases econômicas para a destruição do planeta.

Neste livro, não se pretende fazer um tratado sobre a sustentabilidade, mas procura-se introduzir, de maneira bastante breve, os principais desafios do desenvolvimento sustentável, para poder destacar a contribuição da atividade de construir e usar edifícios para os principais problemas ambientais que nos afligem. Por questões de especialidade dos autores e de tempo, dois temas importantes merecem apenas uma abordagem suscinta: água e energia.

Existem muitas definições para o desenvolvimento sustentável. Em comum, todas elas apontam para o fato de que o desenvolvimento promovido nos últimos 250 anos pela humanidade, que permitiu enormes ganhos em termos de qualidade e expectativa de vida para os seres humanos, vem alterando significativamente o equilíbrio do planeta e ameaçando a sobrevivência da espécie. Discute-se, então, a própria sobrevivência das pessoas. E ela depende de profundas alterações nos nossos hábitos de consumo, nas formas de produzir e fazer negócios.

É também fato que apesar de todo o desenvolvimento, quase 50% da população mundial não tem saneamento básico, cerca de ¼ da população mundial (mais de 1,5 bilhão de pessoas) ainda vive na extrema pobreza, com menos de US$ 1,25 por dia[6] e cerca de 26% das crianças com menos de 5 anos, que vivem nos países em desenvolvimento, enfrentam problemas de subnutrição. Em consequência, é também consenso que o desenvolvimento sustentável deve buscar resolver as demandas sociais.

O desafio é, na verdade, a busca de um equilíbrio entre proteção ambiental, justiça social e viabilidade econômica. Aplicar o conceito de desenvolvimento sustentável é buscar, em cada atividade, formas de diminuir o impacto ambiental e de aumentar a justiça social dentro do orçamento disponível. Não se podem omitir também os aspectos sociais que, neste caso, são bem complexos pela predominância da informalidade e, por fim, a introjecção desses conceitos dentro das empresas, para que não se tornem apenas produtos de marketing imediato.

As políticas de desenvolvimento sustentável já criaram um novo vocabulário – responsabilidade social empresarial, análise do ciclo de vida, mudanças climáticas – e têm implicações práticas em toda e qualquer atividade, inclusive na construção brasileira. Seu impacto na vida pessoal e nos negócios deverá se aprofundar no próximo período, com novos negócios, novas leis e regulamentos, com a materialização progressiva dos efeitos da crise ambiental. Profissionais e empresas que estiverem preparados para os desafios certamente terão maiores probabilidades de sucesso.

A lista de impactos que as atividades humanas têm no meio ambiente é grande: poluição do ar, inclusive interno, dos edifícios que trazem implicações diretas para a saúde dos usuários; mudanças climáticas e destruição de biomas e da camada de ozônio (que já está sendo progressivamente superada), entre outros.

Particularmente na Construção Civil, essas políticas se refletem em todas as atividades e implicam a revisão dos procedimentos que resultam em elevado consumo de materiais e geração de resíduos, na geração de gases de efeito estufa e no consumo de água e energia.

Construção e desenvolvimento sustentável

1.3 Oportunidades para a inovação

Para se atingir a sustentabilidade da construção é imprescindível a incorporação da inovação pela Construção Civil, com mudanças em todas as suas atividades. A definição mais simples que se tem para **inovação** é a do conhecimento novo colocado em prática, isto é, o conhecimento aplicado e adotado pelos setores produtivos. Por essa definição, a existência de uma patente não é suficiente para garantir que o conhecimento novo seja uma inovação, apesar de o autor da patente ser chamado de inventor pelo Instituto Nacional de Propriedade Industrial (Inpi). Por essa razão, nas estatísticas apresentadas sobre o conhecimento que se transformou em inovação, o número de patentes é uma medida adotada universalmente; consideram-se apenas as patentes depositadas no exterior, imaginando que, pelos seus altos custos, uma pessoa ou empresa só irá depositá-la quando tiver uma aplicação confirmada. Em alguns estudos, também são consideradas as patentes nacionais, desde que elas já estejam sendo empregadas por alguma empresa. Por outro lado, em um grande número, as inovações sequer são patenteadas, por vários motivos, inclusive pela contínua evolução que se tem do produto ou serviço em questão. A prática de implementação de inovações progressivas é muito comum, e muitas vezes é imperceptível para os seus usuários.

Pelos dados divulgados pelo Governo Federal, o Brasil vem progredindo aceleradamente no desenvolvimento do conhecimento. Adotando como medida o número de artigos publicados em periódicos indexados internacionalmente, no ano de 2010, quase 3% desses artigos foram originados em centros de pesquisa nacionais. Em duas décadas, saímos do anonimato e estamos entre as 15 nações mais importantes no desenvolvimento da ciência. No entanto, quando aferimos a inovação, usando como grandeza o número de patentes depositados no exterior, como mencionado anteriormente, o nosso desempenho é pífio, quase nulo, necessitando utilizar a segunda casa depois da vírgula, para aferir. Por exemplo, dentre as patentes depositadas no escritório de patentes dos Estados Unidos, a participação daquelas cujos autores residem no Brasil é menor do que 0,1%. Surge sempre a dúvida: por que, se conseguimos melhorar a nossa produção científica, não estamos conseguindo transformá-la em inovação? Em outras palavras, se estamos, com parcos recursos, produzindo boa ciência, por que não estamos sendo competentes em revertê--la para o benefício da sociedade, que é o que faz a inovação?

Sem dúvida, para o conhecimento se transformar em inovação é imprescindível a intensa participação do setor produtivo, tanto o público como o privado, junto com os centros de desenvolvimento do conhecimento. Mesmo com as novas leis de inovação (federal e várias estaduais), com a Lei do Bem (Lei Federal 11196/05), os fundos setoriais e as novas políticas das agências de fomento para induzir a participação de empresas com as universidades e institutos de pesquisa, necessita-se de tempo para mudar a cultura e as tradições das instituições nacionais. A mudança está sendo muito lenta, a legislação é pouco conhecida e menos ainda utilizada, e ainda persistem dúvidas jurídicas sobre sua aplicação que desestimulam os participantes. Pelos dados da Fiesp, em 2009, apenas 542 empresas utilizaram os benefícios da Lei do Bem; essas empresas representam apenas 0,04% do PIB nacional.

Culturalmente, ainda existe um forte preconceito contra a colaboração de pesquisadores de instituições públicas com a indústria e, mais ainda, quanto a sua participação direta nos resultados financeiros das eventuais inovações – fato corriqueiro em outros países inclusive países com forte tradição de igualitarismo social, como Suécia e Cuba.

Outro aspecto que não pode ser esquecido é o elevado risco da pesquisa para a inovação, o que objetivamente eleva os seus custos. No caso de produtos, grosso modo, se o desenvolvimento em escala laboratorial dos conhecimentos tem um custo de 10, a sua viabilização em escala industrial, em condições reais de mercado, pode chegar a custar mais de dez vezes esse valor. Por isso, uma empresa tem de confiar plenamente na viabilidade técnica e econômica do novo conhecimento, para investir em sua aplicação. A estabilidade do mercado, a confiabilidade nas instituições públicas e o crédito barato são obrigatórios para estimular as empresas nesse tipo de investimento de médio ou longo prazo.

A alternativa para isso é a importação das inovações. Particularmente na Construção Civil deparamos com o problema da adequação dessa nova tecnologia nas condições brasileiras e a certeza de que sempre receberemos a versão anterior, pois a última versão sempre fica com quem a desenvolve. O pior, e lamentavelmente muito frequente, é quando recebemos uma "caixa-preta" que não nos permite nem adaptar o produto ou sistema às nossas necessidades, nem tampouco assimilar os conhecimentos a ela incorporados.

Existe também uma visão de que a inovação é um problema das indústrias de ponta e não tem nada a ver com a de Construção Civil. Mesmo não tendo sido nada radicais, temos de concordar que várias inovações superaram paradigmas e modificaram a abordagem da construção. A maioria das novidades introduzidas não foi revolucionária, mas garantiu a evolução contínua da tecnologia e a modernização da indústria. A inovação progressiva é uma característica da nossa cadeia produtiva – a introdução de pequenas novidades, de forma frequente e contínua, permitiu essa grande evolução do setor. Mas certamente não será suficiente para garantir a sustentabilidade da construção: criar condições econômicas para a inovação radical no setor da construção é um desafio particularmente importante.

A resposta ao desafio de fazer inovação no País não é simples, e os fatos demonstram que temos ainda um longo caminho a percorrer.

1.4   A necessidade de visão sistêmica

Não se pode discutir a sustentabilidade da Construção Civil, sem interferir em toda a cadeia produtiva que é complexa, pois envolve setores industriais tão díspares como: a extração de matérias minerais e a eletrônica avançada; enormes conglomerados industriais, como a indústria cimenteira, que interagem e até competem em alguns mercados com milhares de pequenas empresas familiares; órgãos públicos nas três escalas de governo; clientes de famílias de baixa renda em autoconstrução a empresas que constroem verdadeiras cidades.

Desenhar ações eficazes requer uma análise abrangente, sistêmica. Um exemplo real: a introdução de aquecedores solares em edifícios residenciais multifamiliares, uma importante medida de economia de energia elétrica, pode inviabilizar medidas de medição individualizada de água com as tecnologias existentes. A viabilização da energia solar pode requerer mudanças nos códigos de edificações, de forma a maximizar a insolação na maior parte dos telhados. Outro exemplo é a tentativa de aprovação de uma política de obrigatoriedade de telhados frios (reflexivos) pela simples pintura dos telhados existentes com tinta de cor branca. Uma análise sistêmica releva que é necessário que a medida seja precedida pelo desenvolvimento de soluções duráveis que sejam resistentes ao crescimento de microrganismos. Adicionalmente, os telhados precisam ser adaptados, com pontos de água e acessíveis de forma segura, de maneira a viabilizar a necessária limpeza periódica.

Em consequência este livro não pretende ser um receituário de processos ditos sustentáveis, mas um texto que procura orientar o(a) profissional sobre o tema, e fornecer dados para permitir que ele(a) desenvolva as suas atividades levando em consideração e incorporando os aspectos da sustentabilidade da construção, em particular a da preservação do meio ambiente. Por esse motivo, em cada capítulo, é apresentada uma visão mais holística do tema antes de se concentrar nos aspectos da Construção Civil.

Espera-se que uma pessoa que conclua a leitura deste texto tenha adquirido o conhecimento suficiente para implementar os princípios de sustentabilidade nas suas atividades, e possa orientar os seus colegas para esse fim. Mais ainda, esteja consciente da complexidade do tema, da fragilidade das "receitas de bolo" muito divulgadas, e da necessidade de agregar e integrar todos os atores para conseguir atingir os objetivos. Por outro lado, pretende-se, com este texto, estimular os leitores a começarem a implantar medidas, mesmo que simples, pois elas servirão de pontos de partida para ações mais efetivas.

Evitou-se o texto acadêmico com muitas definições, citações e referências, mas procurou-se manter a terminologia e o texto cientificamente correto.

Referências bibliográficas

1. IEA/WBCSD. *Cement technology road map*: carbon emission reduction up to 2050. Genebra, WBCSD, 2009. Disponível em: <www.wbcsd.org/web/projects/Cement/Cement_TechnologyRoadmap_Update.pdf>.

2. FGV Projetos, LCA Consultoria. Construbusiness 2010 – *Brasil 2022*: planejar, construir, crescer. São Paulo: Fiesp, 2010. Disponível em: <www.fiesp.com.br/construbusiness>.

3. CIB. *Agenda 21 para a construção sustentável*. São Paulo: Escola Politécnica da USP, 2000. 131 p. (Publicação CIB 237). Disponível em: <www.cibworld.nl>.

4. Du Plessis, C. (ed). *Agenda 21 for sustainable construction in developing countries*: a discussion document. Pretória/África do Sul: Capture Press, 2002. 83p.

5. John, V. M.; Agopyan, V.; Abiko, A. K.; Prado, R. T. A.; Gonçalves, O. M. Souza, U. E. Agenda 21 for the Brazilian construction industry – a pro-

posal. In: CIB SYMPOSIUM CONSTRUCTION AND ENVIRONMENT. Theory to practice. São Paulo: PCC USP/CIB, 2000.

6. PNUD/ONU. *Relatório do Desenvolvimento Humano de 2009*. Coimbra: Edições Almedina, 2009. 229 p. Disponível em: <http://pt.scribd.com/doc/27169334/Relatorio-do-Desenvolvimento-Humano-2009-PNUD-ONU>.

Oportunidades para a inovação

Como foi destacado no texto, a inovação é imprescindível para a Sustentabilidade da Construção Civil e isso não deve ser considerado apenas como uma possibilidade para empresas de grande porte e para áreas de ponta. Assim, em todos os capítulos será apresentado um quadro com as possibilidades de inovação. Neste capítulo introdutório, é apresentado um exemplo simples, mas nem por isso menos marcante, de como a inovação está permitindo o emprego mais sustentável de materiais e componentes tradicionais.

Podemos analisar o concreto que é um material largamente empregado e tradicional, sendo um resultado direto da evolução do cimento Portland nos meados do século XIX, e que se consagrou no século passado. O concreto, reforçado com vergalhões de aço, permitiu uma completa alteração nos conceitos de estruturas das obras. Nesse material, para fins estruturais ou não, quatro propriedades são consideradas essenciais: resistência mecânica à compressão, durabilidade, deformação e sustentabilidade. Esta última vem se destacando nesta década.

A resistência mecânica à compressão, que é a propriedade mais mensurada do concreto, por ter uma forte correlação com as demais propriedades mecânicas e com algumas características físicas e durabilidade, foi significativamente melhorada. Com o melhor conhecimento do comportamento mecânico do concreto, por meio de sua microestrutura, foi possível aumentar a resistência de maneira marcante, seja reduzindo a porosidade pela redução do fator água/cimento com o auxílio de superplastificantes, ou pelo preenchimento desses vazios com materiais ativos muito finos (microssílicas). Hoje, comercialmente, temos concretos que ultrapassam 100 MPa e em laboratório já foi possível obter produtos com mais de 300 MPa.

De uma maneira resumida, podemos explicar que, com a incorporação de adições de cimento, em proporções específicas, e com a redução da permeabilidade, de uma maneira similar à empregada para o aumento da resistência, o concreto teve a sua durabilidade aumentada, atendendo às novas exigências do mercado. Hoje, ele é até empregado nos recipientes para armazenar rejeitos radioativos, por séculos. Da mesma forma, concretos com adições e aditivos e mantendo um teor baixo de ligantes e de fator água/ligante, têm a sua deformação reduzida, aumentando a distância entre as juntas de dilatação, tanto nas edificações como nos pavimentos, facilitando e aprimorando o seu uso.

Um material mais resistente, mais durável e que emprega menos matéria-prima de alto consumo energético, como a fração clínquer do cimento Portland, é, sem dúvida, um material mais sustentável. Por isso, o concreto conseguiu se tornar um material ambientalmente mais aceitável, e com a possibilidade de incorporação de resíduos, seja como agregados ou na produção do cimento, vem recebendo uma atenção especial dos ecologistas.

Com inovação progressiva e incremental, em menos de três décadas, o concreto tornou-se um material de construção melhor. Mais ainda, tornou-se técnica, econômica e ambientalmente competitivo, conseguindo se manter como o material mais consumido, mesmo tendo fortes concorrentes em todas as possíveis aplicações. Mas, como discutimos neste livro, inovações progressivas e incrementais já não são suficientes para que a construção seja, de fato, sustentável. Inovações radicais são imprescindíveis e urgentes.

2 Construção e sustentabilidade – Um breve histórico

2.1 Contexto

Uma visão da evolução histórica de conceitos que chegaram à formulação do conceito de desenvolvimento sustentável ajuda a compreender melhor a profundidade das implicações que o conceito de construção sustentável traz para o setor. A tabela apresentada a seguir não pretende esgotar o assunto, mas apenas ilustrar para o leitor como o tema sustentabilidade foi estruturado, a partir das primeiras constatações sobre o efeito da ação do homem sobre meio ambiente. Procurou-se incluir na tabela apenas os eventos com embasamento científico ou significantes para a mudança de comportamento da sociedade.

Pelo menos, desde a década de 1960 começaram a se colecionar evidências de que o modelo de desenvolvimento vigente apresenta problemas (ver Tabela). Na década de 1970 a crise energética desencadeada pelo embargo de petróleo da Opep (aliada ao crescente temor de confronto nuclear) induziu o desenvolvimento de soluções para economia de energia de edifícios dos países desenvolvidos, levando a avaliação de materiais pelo conceito de energia incorporada. Nesses países, desde a década de 1950 haviam sido construídos edifícios com fachadas de cortinas de vidro que não podiam operar sem condicionamento ambiental artificial permanente. Em reação a esse modelo de construção, começou a ser desenvolvido o conceito de arquitetura bioclimática, já no começo da década de 1960.

TABELA DO TEMPO		
1961	Arquitetura Bioclimática	Conceito apresentado pelo livro *Design with climate* de Victor Olgyay (1910-1970).
1962	*Silent spring*	Livro pioneiro sobre a degradação ambiental por Rachel Carson (1907-1964).
22/04/1970	First Earth Day	Iniciado nos Estados Unidos, envolvendo estudantes e formadores de opinião, liderados pelo senador G. Nelson (1916-2005), destacando-se a marcha de quase um milhão de pessoas em Nova York.
15/09/1970	Greenpeace	Entidade que originalmente procurava o fim das armas nucleares – essa é a data em que os ativistas conseguiram impedir os testes nucleares no Alasca.
1972	*The limits to growth*	Documento preocupante e malthusiano do Clube de Roma.
1972	UN Conference on Human Environment	Provavelmente, o primeiro encontro mundial sobre o problema ambiental, foi realizado em Estocolmo, e resultou numa declaração sobre o ambiente humano.
1973	Embargo do petróleo	A escassez de energia resultou no desenvolvimento de edifícios com baixa energia incorporada e com baixo consumo de energia durante o uso (edifícios altamente isolados – "edifícios selados"), que, como consequência, resultaram no conjunto de edifícios "doentes", com ar interno contaminado.
22/03/1985	Viena Convention for Protection of the Ozone Layer	Encontro de 20 países, entre os maiores produtores de CFC, que assinaram um acordo internacional para a redução de emissão de gases que danificam a camada de ozônio, já com conhecimento dos resultados mencionados no item seguinte. Os regulamentos tornaram-se compulsórios em 1988.
Maio de 1985	British Antarctic Survey	Publicação na revista *Nature* (edição 315, de maio de 1985) de Farman, Gardiner e Shanklin, surpreendendo a comunidade científica por demonstrar que havia um "buraco" na camada de ozônio, prevista teoricamente desde 1973.
16/09/1987	Montreal Protocol on substances that deplete the ozone layer	É assinado o protocolo da Convenção de Viena, prevendo cortes de 50% da produção e consumo dessas substâncias no período de 1986 a 1999. O Protocolo entrou em vigor em 1989.
1987	*Our common future*	Relatório da Comissão Bruntland, da Comissão Mundial de Meio Ambiente e Desenvolvimento, no qual se definiu o conceito de "desenvolvimento sustentável".
6/12/1988	IPCC	Criação do Painel Intergovernamental sobre Mudança Climática (Intergovernamental Panel on Climate Change) pela Unep (Programa Ambiental das Nações Unidas) e WMO (Organização Mundial de Meteorologia). Hoje, essa organização conta com a participação de 194 países.
3 a 14/06/1992	Rio 92	Realização da Conferência Mundial para o Meio Ambiente e Desenvolvimento, que contou com a presença de 114 Chefes de Estado.
11/12/1997	Protocolo de Quioto	Resultado da Convenção sobre a Mudança Climática, estabelece metas quantificadas para os países.
6 a 18/12/2009	Conferência do Clima em Copenhagen	Preparação, em nível governamental, para a revisão do Protocolo de Quioto, que deve expirar em 2012.
29/10/2010	Protocolo de Nagoya	Decisão para o compartilhamento dos benefícios das pesquisas genéticas.
29/11 a 10/12/2010	Congresso de Cancún	Apesar de novamente não ter obtido um acordo consistente, foi aprovada a criação de um Fundo para o Clima Verde (Green Climate Fund).

A indústria em geral, e da Construção Civil em particular, demorou para começar a discutir e enfrentar os problemas de sustentabilidade. Apesar de a Construção Civil ser a indústria que mais consome recursos naturais e gera resíduos, com significativa geração de poeira e poluição sonora em canteiros localizados dentro de cidades, além de ser historicamente considerada como uma atividade "suja", não tinha sido colocada como uma indústria com problemas de sustentabilidade, até meados da década de 1990.

O movimento ambientalista, os órgãos governamentais encarregados do controle da poluição e a sociedade, estavam mais preocupados com a poluição química, radioativa e aérea concentrada, proveniente das indústrias, sem perceber que a Construção Civil depende de grande massa de materiais cujo processo produtivo envolve reações químicas e geram poluentes em geral, incluindo gases de efeito estufa. Os resíduos da construção, apesar de estarem presentes em todas as cidades e serem em quantidade equivalente a do lixo urbano, eram, em termos práticos, ignorados, tanto por órgãos governamentais quanto por engenheiros e ambientalistas. Por cerca de 30 anos, a questão do meio ambiente, na construção, se confundiu com a da eficiência energética e da energia incorporada em materiais, com interesse limitado ao norte da Europa.

Na definição da World Commission on Environment and Development (Comissão Mundial sobre o Meio Ambiente), constante no Relatório Bruntland[1], o desenvolvimento sustentável é aquele que "satisfaz as necessidades do presente sem comprometer a capacidade das gerações futuras satisfazerem as próprias necessidades". A partir da Rio 92, esse conceito se firmou e hoje vem sendo progressivamente aplicado a todas as atividades humanas, e com grande destaque à cadeia produtiva da Construção Civil.

Nos últimos 20 anos, a importância da indústria da construção e o ambiente construído vem sendo medido de forma mais precisa e tem crescido significativamente. Pelo menos em parte, esse crescimento está associado à necessidade de prover a população de um ambiente construído que seja saudável, confortável e seguro, incluindo habitação adequada, melhor infraestrutura de transporte e comunicação, acesso ao abastecimento de água potável, de saneamento, e assim por diante. A demanda social por um ambiente construído de melhor qualidade permanece importante em países em desenvolvimento, como o Brasil.

Dados recentes indicam que, se não houver significativas inovações na forma de construir, essa demanda deverá continuar crescendo significativamente.

Os resultados de estudos sistemáticos dos impactos associados à atividade de construção, iniciados na década de 1990, surpreenderam os pesquisadores e os líderes da indústria e, até hoje, procura-se recuperar o tempo perdido. Um dos primeiros eventos científicos internacionais organizados especificamente para discutir construção sustentável, First International Conference *on Sustainable Construction*, ocorreu em 1994 em Tampa, Flórida, com apoio do CIB e de outras organizações da área. O evento foi um alerta para toda a indústria da Construção Civil e para a comunidade de pesquisa, pois militantes ambientalistas, sem formação científica na área da construção, dominaram as discussões, tentando impor ideias, muitas vezes, equivocadas e que ignoravam que o atendimento da demanda por ambiente construído requer uma cadeia produtiva moderna de enormes dimensões. Um dos autores deste livro se envolveu numa discussão pública quando estava sendo proposta a proibição de adição de escória de alto-forno no cimento Portland, prática que traz muitos benefícios técnicos e ambientais, inclusive a redução das emissões de CO_2 globais e do consumo de energia. Estava sendo proposto que se enterrasse essa valiosa matéria-prima, resíduo da produção do ferro-gusa.

Em 1996 foi assinada em Istambul, Turquia, a Agenda Habitat II[2], preparada pelo Centro para Assentamentos Humanos das Nações Unidas – United Nations Centre for Human Settlements (UNCHS). O texto, conceitual e abrangente, recomenda políticas públicas que incentivem as soluções locais e regionais para os assentamentos humanos, uma visão que recentemente tem sido esquecida por aqueles que promovem soluções de construção sustentável (ou *green building*) globais. Uma parte considerável do texto aborda a Construção Civil, recomendando a otimização dos recursos aplicados e a incorporação de critérios ambientais, ideias igualmente precisas.

Em resposta ao crescimento da abrangência das políticas públicas voltadas para a promoção da sustentabilidade da construção – que, na Europa, progressivamente incluiam novas questões além da já tradicional eficiência energética que fora iniciada na década de 1970 –, o Congresso Mundial da Construção Civil do CIB de 1998 (Gävle, Suécia), concentrou-se no tema que foi aprovado como sendo estratégico para a entidade, e assim permanece até hoje. Já em 1999, foi realizado o lançamento da publicação *Agenda 21 on sustainable construction*, que foi traduzida em português no ano seguinte[3]. Posteriormente, com o apoio da Unep, foi elaborada uma versão voltada para os países em desenvolvimento, incorporando as suas peculiaridades[4].

Segundo a *Agenda 21 on sustainable construction*, os principais desafios da construção sustentável envolvem (a) processo e gestão, (b) execução, (c) consumo de materiais, energia e água, (d) impactos no ambiente urbano e no meio ambiente natural, (e) as questões sociais, culturais e econômicas. O foco da publicação é a cadeia produtiva e os clientes, atribuindo responsabilidades a todos os atores envolvidos: clientes, proprietários, empreendedores, investidores, responsáveis técnicos, projetistas, produtores de insumos, empreiteiras, empresas de manutenção, usuários e profissionais de ensino e pesquisa da área. A publicação reconhece que há a necessidade de políticas públicas, não se podendo deixar o mercado livre, pois a demanda, na Construção Civil, é dispersa e não especializada, sem qualquer poder de persuasão. A Agenda 21 conclui afirmando que o maior desafio é o de tomar ações preventivas imediatas e preparar **toda a cadeia produtiva** para mudanças que são necessárias ao processo construtivo.

Em 2000 foi organizada em Maastricht a primeira da série de conferências Sustainable Building, promovida por uma coalização de organizações, incluindo a Unep e o CIB. Apesar de seu nome, essa conferência foi muito focada no já crescente negócio das certificações de *green building*. Os destaques foram os aspectos ambientais do uso de edifícios – economia de energia em particular, com pouco destaque para as demandas sociais, deixando a cadeia produtiva de lado.

As repetidas mensagens da importância da construção para o desenvolvimento sustentável foi devidamente compreendida pela indústria nos países desenvolvidos e, em certo grau, na China. Ainda que reconhecendo que a questão energética, por suas implicações nas emissões de CO_2, ainda possui um peso desproporcional, é fato que em cerca de uma década a Construção Civil sofreu mudanças radicais muito abrangentes em quase todos esses países e muito mais profundas que a simples criação de conselhos e selos de *green building*. Enfoques novos, gerenciais, como a qualidade do processo de produção, e tecnológicos, como a qualidade do ar interno, redução e reciclagem de resíduos, bem como redução da toxicidade, foram integrados a temas mais tradicionais, como uso racional de água e economia de energia incorporada e consumida durante o uso. Surgiram novos conceitos e ferramentas, como a análise do ciclo de vida, declaração ambiental de produto, projeto integrado, projeto para a desconstrução e desmaterialização, Modelagem de Informação da Construção – *building information modelling* (BIM) –, ferramentas sofisticadas de simulação do comportamento em uso dos edifícios, particularmente na área de energia, conforto térmico e iluminação, novos conceitos de gestão e operação de edifícios e infraestrutura, políticas públicas complexas etc. Novos materiais são introduzidos, como os materiais de mudança de fase, e novas funções são agregadas a materiais tradicionais, como o vidro e o concreto autolimpantes. Nesse cenário, os selos de *green building* são apenas uma ponta visível de um iceberg monumental.

Na maioria desses países, a indústria procura antecipar-se para atender aos anseios da sociedade. Em consequência disso, há condições para participar-se ativamente e até tomar-se iniciativas no processo de elaboração de novas políticas públicas, juntamente com outros atores sociais. Essa estratégia tem se revelado a única capaz de reduzir o risco de imposição unilateral pelo poder público, de regras que posteriormente se revelam inadequadas sob o ponto de vista tecnológico, afetando não só a indústria, mas também a sociedade. O alerta final da Agenda 21 continua válido e não pode ser menosprezado no nosso país – se a indústria demorar, a sociedade irá impor as suas regras, não necessariamente as mais eficientes e eficazes.

Os autores participaram do grupo internacional que elaborou a já mencionada *Agenda 21 for sustainable construction in developing countries – a discussion document* (Agenda 21 para a Construção Sustentável em Países em Desenvolvimento – um documento para discussão)[4], que procurou identificar especificidades dos países em desenvolvimento e sugerir estratégias adequadas. É certo que os problemas principais de sustentabilidade são globais e servem para todos os países. No entanto, as prioridades sociais e ambientais, bem como os recursos disponíveis, são diferentes. Economia de energia, por exemplo, não pode ser o centro da estratégia de construção sustentável em países onde o condicionamento artificial de edifícios é exceção.

O processo de elaboração da Agenda, que envolveu profissionais da África do Sul, da Índia e do Brasil, com a colaboração de consultores de alguns (poucos) outros países, foi, por si só, uma lição da dificuldade em buscar soluções globais em um mundo diverso: foi difícil conciliar diferentes culturas, realidades sociais, desafios ambientais, práticas construtivas e estruturas legais adotados por países em desenvolvimento. Com isso, o resultado foi mais de uma agenda estratégica de pesquisa e desenvolvimento, do que um texto para o setor produtivo. Cabe, a cada país, portanto, desenvolver sua própria agenda.

A Agenda parte do pressuposto de que a responsabilidade pela sustentabilidade do planeta deve ser compartilhada por todos, independentemente do grau de desenvolvimento econômico do país, questionando diretamente a estratégia adotada por muitos países em desenvolvimento de primeiro crescer para somente depois se preocupar com a sustentabilidade – estratégia, essa, claramente expressa no protocolo de Kyoto e que, até hoje, pode ser percebida nos programas de construção do governo brasileiro. O documento prevê que as mudanças tecnológicas e organizacionais a serem produzidas pela sustentabilidade no setor da construção serão muito mais radicais do que quaisquer das revoluções tecnológicas setoriais anteriores, como a introdução do concreto armado e a industrialização pós-Segunda Grande Guerra, pois ela vem no bojo de uma drástica mudança de pensamento de toda a sociedade, que exige uma postura nova dos profissionais envolvidos.

Um dos destaques do documento é a discussão das tensões sociais que perpassam não só o canteiro de obra, mas também a sociedade em geral, e que demandam um ambiente construído de melhor qualidade. Assim, diferentemente dos países já desenvolvidos, a ampliação do ambiente contruído de qualidade é, em si, uma demanda do desenvolvimento sustentável. Essa ampliação, no entanto, deve ser feita de maneira a otimizar recursos ambientais, sem conflitar com a cultura e os valores da sociedade.

A construção sustentável em países em desenvolvimento exige, portanto, uma abordagem sistêmica na forma de um conjunto coordenado de ações, adequadas a cada realidade. Esse conjunto de ações irá exigir uma boa dose de imaginação e uma luta contra a tradição de, simplesmente, copiar de forma acrítica e simplificada as soluções do norte desenvolvido — que hoje pode ser identificada claramente no Brasil por uma simples contagem de termos em inglês. A estratégia recomendada é resumida em um provérbio africano: "o único meio de se comer um elefante é pedaço a pedaço".

A transformação da construção nos países em desenvolvimento é, certamente, menos visivel até este momento. Em muitos países, como o Brasil, estratégias abrangentes, existentes nos países do norte, têm sido substituídas pela simples adoção de estratégias para economia de energia (certamente importantes) e metodologias de certificação que são viáveis em alguns poucos edifícios corporativos de padrão internacional. Copia-se apenas o que é facilmente visível acima da linha d'água e ostensivamente vendido como solução. Observa-se também a imposição unilateral, por parte de órgãos governamentais, de políticas públicas pontuais, isoladas de uma estratégia coerente maior, sem avaliação técnica sobre a adequação à realidade local e, usualmente, sem processos participativos. De uma forma geral, essas soluções têm pouco ou nenhum efeito.

Só recentemente a Unep, particularmente por meio da Iniciativa para Construção e Edificações Sustentáveis – Sustainable Building and Construction Initiative –, começou a discutir ativamente soluções e conceitos mais adequados a países em desenvolvimento, inclusive para habitação popular.

2.2   A realidade brasileira atual

Os conceitos de sustentabilidade na Construção Civil chegaram para o nosso país com algum atraso. Já em 2000, o Departamento de Engenharia de Construção Civil da Escola Politécnica da USP organizou um evento, denominado CIB Symposium on Construction and Environment – theory into practice (Simpósio do CIB sobre Construção e Meio Ambiente – da teoria para a prática). Esse encontro pode ser considerado o marco inicial da preocupação sobre construção sustentável no Brasil, no qual, pela primeira vez, o tema foi abordado de maneira ampla e o estado-da-arte apresentado pelos melhores especialistas da época. Serviu como um alerta para diversos setores da indústria que até então consideravam a sustentabilidade como um modismo de militantes ambientalistas de países ricos. Permitiu a acadêmicos integrarem conceitualmente temas tradicionais de pesquisa como eficiência energética e conforto, uso racional de água, urbanização de favelas, perdas de materiais e reciclagem dos resíduos, desempenho em uso, dentro de uma visão única e integrada. O encontro confirmou a necessidade de uma estratégia abrangente, com a participação de toda a cadeia produtiva, dos clientes e do governo.

Um ponto interessante é que dos 64 trabalhos apresentados no evento, 42 eram de pesquisadores residentes no Brasil, distribuídos em oito estados. Portanto, um tema, na época, muito recente, já contava com a atuação de mais de dez grupos de pesquisa no País, demonstrando a vitalidade do setor de Pesquisa e Desenvolvimento (P&D) brasileiro na área da Construção Civil. Alguns temas, como perdas da construção, a reciclagem desses resíduos e a economia de energia já eram abordados por grupos bem consolidados.

Nesse evento, foi apresentada uma proposta para a sustentabilidade da construção no Brasil, mencionada no início deste texto[5]. Essa proposta, que inclusive serviu como contribuição para a *Agenda 21 da construção sustentável para países em desenvolvimento*, não difere muito das demais proposições. O artigo propõe uma agenda brasileira, a ser adotada por todos os segmentos da indústria e pelo governo, que inclui oito itens:

- Redução das perdas de materiais na construção;
- Aumento da reciclagem de resíduos como materiais de construção;
- Eficiência energética nas edificações;
- Conservação de água;
- Melhoria da qualidade do ar interno;
- Durabilidade e manutenção;
- Redução do déficit de habitações, infraestrutura e saneamento;
- Melhoria da qualidade do processo construtivo.

Pelos pontos apresentados, nota-se que a proposta de desenvolvimento sustentável para o Brasil, inclui a melhoria da qualidade de vida de toda a população. As conclusões do texto são similares aos demais, mas destaca-se a necessidade de um esforço coletivo, com redes sinérgicas entre os setores da construção e suas entidades representativas, e incluindo também o governo e os setores de P&D.

Já em 2001 a Associação Nacional de Tecnologia do Ambiente Construído (Antac) organizou a I Encontro Nacional de Edificações e Comunidades Sustentáveis (Enecs), que se soma a eventos tradicionais da entidade como o Encontro Nacional de Conforto no Ambiente Construído.

Em 2004, o Encontro Nacional de Tecnologia do Ambiente Construído (Entac) da Antac ocorreu simultaneamente com a Conferência Latino-Americana de Construção Sustentável, preparatória ao SB05 Sustainable Building de Tóquio em 2005, e reuniu cerca de 800 delegados.

Em 2010, o evento preparatório para o SB 11 de Helsinque, Finlândia, (SB10 Brasil) ocorreu simultaneamente com o Simpósio Brasileira de Construção Sustentável, promovido anualmente pelo Conselho Brasileiro de Construção Sustentável. Nenhum outro evento preparatório para as SBs atraiu maior delegação que os dois brasileiros.

As entidades setoriais, tanto as empresariais como as de profissionais, têm atuado de maneira muito eficaz no tema, tornando-o bem difundido, além de colaborar para o desenvolvimento de procedimentos nacionais. Destaca-se a Antac, que constituiu um grupo de trabalho em desenvolvimento sustentável, discutindo o tema e apresentando sugestões em diversos encontros, além de adotá-lo como tema central no encontro bianual Entac'10 realizado em Canela-RS, em outubro de 2010. De forma similar, o Instituto Brasileiro do Concreto (Ibracon), mantém um comitê de meio ambiente muito ativo desde 1997, e nos últimos anos, nas suas reuniões anuais, o meio ambiente tem sido um tema importante. A Câmara Brasileira da Construção (CBIC), tem a sua comissão de meio ambiente, como ocorre nos diversos Sinduscons, notadamente no Sinduscon-SP, que, há vários anos, tem o seu Comitê de Meio Ambiente atuante e que muito contribuiu para a consolidação do tema entre as construtoras, participando intensamente nas atividades de diversas entidades que tratam do meio ambiente. A Associação Brasileira de Escritórios de Arquitetura (Asbea) mantém também seu comitê de meio ambiente.

Em 2007, foi constituído o Conselho Brasileiro de Construção Sustentável (CBCS), uma entidade que congrega representantes dos diversos setores da Construção Civil e da sociedade. O CBCS procura desenvolver e implementar os conceitos e as práticas mais sustentáveis e que contemplam as dimensões social, econômica e ambiental da **cadeia produtiva** da indústria da Construção Civil e não se dedica a certificação. Essa entidade atua por meio de comitês temáticos, como o da Água, da Avaliação, de Energia, de Materiais, Urbano, Econômico e Financeiro. Os seus simpósios anuais têm o grande mérito de atrair os setores empresariais de toda a cadeia produtiva e, com isso, os princípios de sustentabilidade da construção podem ser mais bem difundidos e discutidos com profissionais atuantes no setor.

Ao mesmo tempo, começou a se difundir a certificação de *green buildings* no País. Para promover o selo norte-americano Leadership in Energy and Environmental Design (Leed) foi fundado, no Brasil, o Green Building Council Brasil (GBCB), que segue os princípios da entidade similar, dos Estados Unidos. Até março de 2011 essa entidade certificadora tinha 255 empreendimentos registrados no País, mas apenas 24 edifícios já certificados. A outra certificação é do Processo Alta Qualidade Ambiental (Aqua), coordenada pela Fundação Vanzolini, certificadora muito influente no País, que é baseada na metodologia Démarche HQE, da França. Pelos dados disponíveis, até março de 2011, seis empreendimentos já estavam certificados por esse processo. Outra entidade certificadora, a BRE do Reino Unido vem difundindo a sua metodologia no País, a BRE Environmental Assessment Method (Breeam), mas se desconhece algum empreendimento que tenha sido certificado por esse método. Todos esses métodos de certificação foram desenvolvidos de acordo com uma agenda dos países de origem e buscam promover as políticas públicas desses países. Esses métodos passam ao largo de problemas ambientais gravíssimos, como perdas de materiais na obra e informalidade, comuns no nosso país. Seu alcance prático no Brasil é, portanto, limitado à promoção da discussão do tema e à criação de um mercado de consultoria crescente, que deverá ser importante para o futuro do País.

Em 2010, a Caixa Econômica Federal lançou o **Selo Casa Azul de Construção Sustentável**, oferecido gratuitamente a empreendedores clientes da entidade. O Selo foi desenvolvido especificamente para o mercado residencial brasileiro, com a novidade de ser aplicável também a projetos habitacionais de baixa renda – situação na qual os importados dificilmente se adaptam. No mesmo ano, a Eletrobrás introduziu o selo **Procel Edifica**, para edifícios comerciais e, recentemente, também para residenciais, baseados em amplos estudos da realidade brasileira.

No entanto, falta ainda, no Brasil, uma política coerente e estruturada de construção sustentável. Até o momento, predominam iniciativas legislativas isoladas, introduzidas sem a existência de estudos técnicos sólidos, via de regra incentivadas por fortes interesses econômicos, com uma forte tendência para a imposição de soluções ao universo das construções. Embora, na maioria das vezes, bem-intencionadas, essas iniciativas também têm pouco efeito prático, exceto, talvez, na ampliação das vantagens da informalidade, o que é contrária ao conceito de sustentabilidade.

Um diferencial importante no País é a existência de mecanismos formais de melhoria da qualidade – uma condição para a sustentabilidade

– e combate à informalidade, dentro dos programas setoriais de qualidade do Programa Brasileiro de Qualidade e Produtividade no Habitat (PBQP-H), que está abrigado no Ministério das Cidades e mobiliza parte fundamental da cadeia produtiva nacional. Essa estratégia da sociedade brasileira é única no mundo e necessita ser mais bem difundida.

A construção sustentável no Brasil já é um tema bem discutido, tanto entre lideranças empresariais quanto na academia. Orgãos governamentais, que na quase totalidade dos países lideram usando seu poder de compra, são decididamente a retaguarda no tema. Falta ainda, ao País, que os princípios da construção sustentável sejam colocados em prática.

Referências bibliográficas

1. WCDE. *Our common future*, 1987. Disponível em: <www.un-documents.net/wcde-ocf.htm>.

2. UNCHS. The habitat agenda, 1996. *Habitat*. Disponível em: <http://unchs.org/unchs/English/hagenda/index.htm>.

3. CIB. *Agenda 21 para a construção sustentável*. São Paulo: Escola Politécnica da USP, 2000. 131 p. (Publicação CIB 237). Disponível em: <www.cibworld.nl>.

4. DU PLESSIS, C. (Ed) *Agenda 21 for Sustainable Construction in Developing Countries*: a discussion document. Pretória/África do Sul: Capture Press, 2002. 83 p.

5. JOHN, V. M.; AGOPYAN, V.; ABIKO, A. K.; PRADO, R. T. A.; GONÇALVES, O. M. SOUZA, U. E. Agenda 21 for the Brazilian construction industry – a proposal. In: CIB *Symposium construction and environment*: theory to practice. São Paulo: PCC USP/CIB, 2000.

3 A contribuição da construção para as mudanças climáticas

3.1 Fundamentos

Seis bilhões de humanos consumindo volumes crescentes de produtos já começam a afetar a composição química da atmosfera que protege os habitantes do planeta. O clima da Terra não é uma constante, e apresenta variações drásticas: nas eras glaciais boa parte do planeta foi coberta por gelo. Enfrentamos também oscilações periódicas, como os conhecidos El Niño e La Niña, que afetam o hemisfério sul e o Brasil, em particular. Mas hoje, existem fortes evidências que as ações humanas estão interferindo no clima.

Em termos globais, a temperatura média da Terra é simplificadamente fruto de um balanço energético: energia recebida do Sol menos a energia emitida para o espaço. O Sol não é uma máquina constante, e a energia emitida pela estrela varia ao longo do tempo. Por outro lado, a capacidade de a Terra emitir energia para o espaço depende da transparência da camada atmosférica. Essa transparência é variável, pois é afetada pela concentração de vapor de água, poeiras e de alguns elementos químicos bloqueiam radiações na faixa do infravermelho.

A atividade humana no planeta tem como um dos resultados o aumento da concentração de gases que como CO_2, CH_4 e N_2O, gases esses que reduzem a transparência da atmosfera para a dissipação da energia emitida pela Terra[1]. Medidas da concentração de CO_2 no ar preso em geleiras formadas há centenas de milhares de anos (cuja idade é datada por carbono 14, a partir dos fósseis orgânicos presentes) mostram que, após o início da revolução industrial, por volta de 1750, a concentração desse gás começou a subir rapidamente (Figura 3.1).

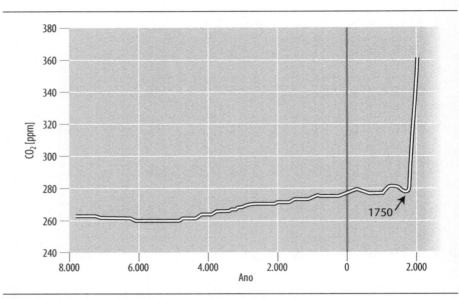

FIGURA 3.1 – Evolução da concentração de CO_2 na atmosfera.
Fonte: Adaptado do IPCC, 2007.

As principais fontes desses gases é a liberação para a atmosfera de carbono que estava preso na crosta terrestre, pela queima de combustíveis fósseis, como carvão mineral ou petróleo, a queima ou apodrecimento de florestas nativas e o manejo do solo.

Além disso, vários processos industriais podem envolver reações químicas que liberam gases do efeito estufa. Uma parcela significativa desses gases é devida à decomposição de carbonatos, especialmente do calcário ($CaO.CO_2$) – o dióxido de carbono é 44% da massa total de calcário – que ocorre principalmente nos fornos de cimento, de aço e da cal. Outros fatores envolvem a liberação de compostos orgânicos voláteis e CFCs.

O metano (CH_4) tem como principais fontes: a decomposição de matéria orgânica em aterros sanitários; o tratamento de esgoto; a produção, o processamento e a queima de combustíveis. Já o óxido nitroso (N_2O) vem de atividades agrícolas, na queima de combustíveis, inclusive madeira.

Por outro lado, existem outros fatores que interferem na troca de radiação como o vapor de água, a liberação de partículas (aerossóis) por causas naturais, como as produzidas por vulcões, ou pela atividade humana, variações no albedo (reflectância) da superfície terrestre e da temperatura, da qual não é possível obter registros históricos quantitativos. As evidências do clima e da temperatura do passado são incertas, pois não é possível medir a temperatura do passado mais distante. Além disso, os registros feitos pelo homem também são recentes – os termômetros foram inventados no início do século XVII e ainda não são comuns em muitos lugares do mundo – e os dados históricos sofrem interferência de outros fatores, como a própria urbanização, por isso é difícil estabelecer objetivamente a temperatura média da Terra. A reconstituição do clima do passado é feita utilizando-se a influência da temperatura no tamanho de organismos como espessura de anéis de crescimento da madeira, o tamanho de fósseis etc., o que certamente é menos preciso[2].

A destruição de matas nativas, que durante o seu processo de formação fixaram carbono na forma de biomassa, bem como outras mudanças no uso do solo, são também uma fonte importante de liberação de carbono. No Brasil, a mudança do uso solo foi responsável por 58% das emissões de gases do efeito estufa em 2005[3].

Atualmente, as evidências de inteferência humana no clima são consideradas muito fortes por uma esmagadora maioria dos cientistas de todo o mundo. Para uma visão mais detalhada sobre os fatores que contribuem para as mudanças climáticas, recomendamos uma leitura do Relatório Sintese do IPCC de 2007 [1] e o artigo de Crowley[4]. O inventário de gases do efeito estufa de 2005 oferece uma visão detalhada sobre a evolução recente das emissões de gases do efeito estufa no Brasil[3].

As consequências econômicas, ambientais e sociais das mudanças climáticas são profundas e importantes, e deverão afetar a todos. Infelizmente, espera-se que o clima fique mais instável, com maior frequência de eventos extremos, como chuvas torrenciais, ocorrendo, como consequência, enchentes frequentes e secas prolongadas – o que afetará os suprimentos de água e a geração de energia hidroelétrica –, além do derretimento das geleiras – o que resultará em elevações do nível do mar e em falta de água para grande parcela da população. Esses efeitos impactarão a agricultura, as cidades, a saúde da população e afetarão todos os biomas naturais.

Muitos países e empresas estão tomando medidas práticas tanto para a mitigação da emissão de gases de efeito estufa para a atmosfera bem como de adaptação às mudanças climáticas que já são inevitáveis. Essas medidas, consideradas muitas vezes extremas, impõe perdas para alguns setores econômicos. No entanto, o mais importante é que também estão gerando novas riquezas ao acelerar o desenvolvimento de novas tecnologias, em áreas como a de energia renováveis – cujo exemplo de sucesso é o etanol brasileiro – e até mesmo captura de CO_2. Atualmente essas políticas já influenciam diretamente o desenvolvimento de motores de automóvel, o projeto de aviões, na política fiscal etc. Os produtos que estão sendo desenvolvidos atualmente usam recursos naturais – incluindo energia – de forma mais eficiente e deverão estabelecer os novos padrões de competitividade no futuro.

3.2 Emissões de CO_2 da construção civil

É quase um senso comum que a construção em geral, e o uso dos edifícios em particular, tem grande contribuição para as mudanças climáticas. O IPCC aponta que os edifícios são a alternativa mais barata e mais efetiva para redução das emissões de CO_2 e, portanto, uma prioridade para mitigação[5,6].

A seguir é apresentada uma visão geral das emissões de CO_2 da Construção Civil. A abordagem está longe de ser exaustiva, pois estudos sistemáticos do setor no País são incipientes. O setor contribui também para a emissão de outros gases importantes para o efeito estufa. Um exemplo importante é a emissão de HFCs, como HFC-134a e HCFC-22, utilizados nos aparelhos refrigeradores, nos aparelhos de ar condicionado e em extintores, em substituição aos gases associados à destruição da camada de ozônio. As emissões associadas ao HFC-134a (o HCFC-22 não é computado no inventário nacional) ainda são numericamente pequenas, mas apresentaram um crescimento explosivo de 527.498% entre 1990 e 2005[3], dada a rápida penetração dos aparelhos de ar condicionado em automóveis e residências. Esses gases têm alto potencial de aquecimento global – o efeito de 1 kg de HFC-134a equivale, na atmosfera, a 1.300 kg de CO_2; o HCFC-22 a 1.800 kg – por isso, cada recarga de um aparelho doméstico de ar condicionado apresenta impacto nada desprezível frente às emissões atuais.

3.2.1 Produção de materiais de construção

Três são as principais fontes de emissões de gases estufa dos materiais: uso de combustível fóssil na fabricação e transporte dos materiais, decomposição do calcário e outros carbonatos durante a calcinação e a extração de madeira nativa, especialmente a não manejada, para emprego tanto como material quanto combustível.

Quase a totalidade dos materiais industrializados passa por processos de calcinação: cerâmicos, cimento, aço, vidro, alumínio etc. Na maior parte das vezes as altas temperaturas são produzidas com o uso de energia fóssil não renovável, como derivados de petróleo e o carvão mineral. Em outras situações, particularmente em países em desenvolvimento, o combustível é lenha obtida de desmatamento. Em todos esses casos, o combustível utilizado aumenta a concentração de CO_2 na atmosfera. Em outras situações, utiliza-se madeira oriunda de plantações ou resíduos de madeira ou outra biomassa – combustíveis que são considerados (quase) neutros em CO_2.

A decomposição do calcário em fornos a altas temperaturas é também uma fonte importante de CO_2 para a Construção Civil. Cada tonelada de calcário libera 440 kg de CO_2 e gera apenas 560 kg de material. Materiais vitais para a construção, como cimento, o aço e a cal hidratada dependem desse processo. Em consequência, o cimento – o material artificial de maior consumo no mundo – é responsável por, aproximadamente, 5% das emissões de CO_2 antropogênico[8]. O uso de eletrodos de grafite na produção de aço por arco elétrico e alumínio é outra fonte de destaque.

Segundo o inventário nacional, em 2005 a indústria cimenteira nacional[3] foi responsável por cerca de 1,4% das emissões totais de CO_2. Se forem excetuadas as emissões de CO_2 associadas à mudança do uso do solo e das florestas – produto de ilegalidade – a parcela da indústria cimenteira atinge cerca de 6,1% das emissões totais. Esse valor é maior que a média mundial, porque a matriz energética brasileira tem parcela renovável significativa, mas, na realidade, a indústria nacional apresenta um dos menores índices de emissão do mundo (Figura 3.2). A eficiência térmica da indústria brasileira é alta, pois a quase totalidade das fábricas adota processos a seco e o uso de pré-calcinadores é difundido. Outro fator que colabora para a redução da emissão de CO_2 é a alta taxa de substituição do clínquer, cuja produção é responsável pela geração de CO_2 tanto por causa do calcário quanto da operação do forno, por resíduos industriais, como a cinza volante – produzida pela calcinação do carvão em caldeiras de leito fluidizado –, a escória granulada de alto-forno – que é resíduo do processo de fabricação do ferro gusa – e, com menores benefícios, por pozolanas – produzidas pela calcinação de argilas. O teor médio de clínquer do cimento brasileiro encontra-se abaixo de 70%[3]. O cimento CPIII pode conter até 70% de escória granulada de alto-forno e apenas 25% de clínquer. Nos cimentos CPII os teores de clínquer dependem da adição, e podem variar entre 47% e 85%, com teores típicos em torno de 60%. Como a energia elétrica consumida para moagem e beneficiamento do cimento é baixa, no caso de adição de cinza volante ou escória, o teor de CO_2 é reduzido, proporcionalmente, com o teor de clínquer. A utilização de cimentos com baixos teores de clínquer, particularmente os CPIII (adição de escória) e CPIV (adição de cinzas), é ambientalmente muito benéfica.

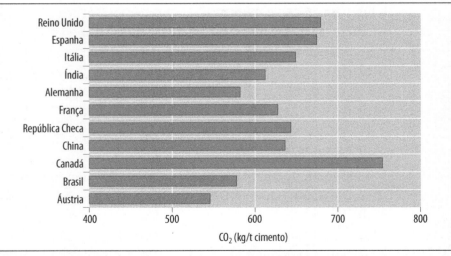

Figura 3.2 – Teores médios de CO_2 emitidos por tonelada de cimento de empresas participantes do Programa Cement Sustainability Initiative, organizado pelo World Business Council For Sustainable Development. As principais empresas cimenteiras do Brasil – que representam 70% do mercado – participam ativamente do programa.

As emissões médias de CO_2 unitárias do cimento são estimadas no inventário nacional[3] em 594 kg/t no ano de 2005, contra uma média mundial entre 814 e 870 kg/t[9].

Embora as emissões específicas (kg/t) estejam diminuindo, a produção tem aumentado e deverá crescer ainda mais nos próximos anos. Em nível mundial estima-se que, mantida a atual tendência de crescimento da indústria cimenteira e assumindo-se uma redução acentuada das emissões globais de CO_2 por outras indústrias, haverá um crescimento acentuado da participação da indústria cimenteira nas emissões mundiais de CO_2.

As oportunidades de mitigação de CO_2 na produção nacional de cimento, que está em rápida expansão, e já é eficiente, são poucas. A substituição do clínquer por escória de alto-forno e cinza volante depende do crescimento da oferta desses materiais, posto que atualmente quase toda a produção desses resíduos já é utilizada. É provável que a substituição irá depender da fabricação de pozolanas artificiais, pela calcinação de argilas, que, diferentemente daqueles resíduos, exige o uso de combustíveis e, portanto, apresenta menores benefícios ambientais. Uma alternativa viável envolve a substituição do combustível atual (coque de petróleo) por outros de menor intensidade de CO_2, preferencialmente madeira plantada, fato que já foi observado na década de 1970. Neste cenário, é certo que um aumento na eficiência do uso do cimento[8] apresenta enorme potencial, envolvendo a redução das perdas, comprovadamente muito elevadas – que foram medidas no Brasil e apresentaram mediana de 56%[9] –, aumento no uso de materiais cimentícios industrializados, com consequente redução do consumo do cimento *in natura* e, até mesmo, introdução de inovações na forma de utilização do produto[10,11]. A alternativa ao aumento da eficiência da utilização do cimento é a implantação de sistemas de captura e estoque de carbono que exigirão elevados investimentos além de elevado custo operacional – entre 20 e 100 Euros por tonelada[7] –, e certamente irão causar um significativo aumento no preço do produto[7]. A indústria de cimento mantém, há mais de 10 anos, uma iniciativa mundial, Cement Sustainability Initiative do World Business Council for Sustainable Development, que busca alternativas para promover a sustentabilidade do setor, inclusive pela divulgação pública de indicadores de emissões de CO_2 auditados. Empresas responsáveis por cerca de 70% do cimento brasileiro participam ativamente do projeto e possuem metas agressivas para mitigação de CO_2.

O aço é responsável globalmente por algo entre 6 e 7% das emissões de CO_2[8], mas apenas uma parcela é destinada para a Construção Civil. O IPCC estima que, em média, o aço brasileiro emita 1,25 t CO_2/t de produto, valor mais baixo do relatório, fato atribuído a grande participação da aciaria de arco elétrico, que ao reciclar sucata, utilizando a energia elétrica limpa, apresenta emissões de CO_2 até 50% inferiores à produção via alto-forno e aciaria. As emissões diretas de CO_2 reportadas no inventário nacional são de 54 Mt, mas a esse valor devem ser adicionadas emissões indiretas – energia elétrica e produção do óxido de cálcio utilizado no processo, entre outros. Os aços para concreto armado no Brasil são produzidos quase que exclusivamente em aciaria de arco elétrico, usando elevado teor de sucata e energia limpa, que apresentam emissões significativamente menores – mas os valores precisos não são públicos neste momento. O setor do aço estabeleceu, em nível internacional, um consórcio de pesquisa para desenvolver soluções que baixem o nível de carbono[8].

Componentes cerâmicos também são consumidos em grande escala pelo setor da construção. O processo envolve a calcinação de argila com consumo de energia, que também é relevante, mas sua contribuição não é registrada. O setor é altamente informal e dados estatísticos são escassos. O Inventário Nacional[3] estima que as emissões diretas de CO_2 devidas à queima de combustível fóssil do setor cerâmico representem cerca de 0,25% das emissões nacionais totais, ou pouco mais de 1% excetuadas as relativas à mudança do uso do solo e florestas. Se forem incluídas as emissões relativas ao uso de energia e o uso de biomassa de acordo com o Balanço Energético Nacional (BEN) de 2005, admitindo-se que 70% da biomassa é de origem não manejada, essa participação aumenta em 50%. Para a mitigação de gases de efeito estufa no setor, as opções incluem um aumento da eficiência energética, redução de perdas de produção e uso, bem como adoção de biomassa plantada como combustível.

A extração e processamento de madeira nativa de forma não manejada (sem garantir a recomposição da floresta) merece destaque pela sua conexão com a principal fonte de emissões de gases do efeito estufa no Brasil: a mudança do uso do solo e florestas, responsável por cerca de 77% das emissões nacionais[3]. O desmatamento da Amazônia corresponde a 55% do total.

Nem todas as emissões do desmatamento da Amazônia podem ser atribuídas diretamente à Construção Civil. Uma parte da floresta é queimada sem que a madeira comercial seja extraída, posto que o principal objetivo é abrir espaço para o agronegócio. A quantidade de madeira comercial extraída é uma fração pequena da biomassa da floresta: cerca de 30 m³/ha ou 21 t/ha em uma floresta cuja quantidade de biomassa varia entre 147 e 551 t/ha, com uma média de 316 t/ha. A retirada dessas 20 t/ha requer a abertura de estradas, picadas etc., que implica a destruição de 1/3 da biomassa total[3]. Utilizando o critério de alocação imediata de toda a redução da biomassa do processo de extração[13], estima-se que, em média, uma emissão de 6,4 tCO_2/m^3 de tora de madeira amazônica não manejada, legal ou ilegal. Como o processamento na serraria tem perdas elevadas e apenas 41% da tora se transforma em produto[14], a emissão estimada para a madeira amazônica serrada e não manejada é, em média, igual a 15,5 tCO_2/m^3 (ou 22 tCO_2/t), desprezadas as emissões de transporte e beneficiamento, o que a torna o material de maior intensidade de emissão de CO_2 do mercado, além da perda em bioma. No caso da madeira certificada, a floresta destruída para abertura dos acessos, estoque e remoção de madeira recupera-se e as emissões são muito pequenas.

Além das emissões de desmatamento o processamento e o transporte (ver a seguir), bem como a decomposição da madeira e seus resíduos em aterros, são responsáveis por emissões desse material. Assim, a mitigação das emissões relativas à madeira amazônica pode ser atingida por uma combinação de combate ao desmatamento e incentivo ao consumo de madeira nativa certificada ou madeira de plantação (como o eucalipto).

3.2.2 Uso dos edifícios

Estima-se que, em nível global, o uso dos edifícios seja responsável por 25% das emissões de CO_2 [5,15], incluindo emissões diretas – queima de combustíveis fósseis para fins de condicionamento ambiental, aquecimento de água e cozinha – e indiretas, emissões associadas à eletricidade adquirida por terceiros.

No entanto, questões locais são determinantes da contribuição do uso dos edifícos para as emissões de CO_2. O grau de difusão de sistemas de condicionamento ambiental artificial, seja aquecimento ou refrigeração – fator associado não somente ao clima, mas também a condições de renda –, práticas construtivas e aspectos culturais, bem como a natureza dos combustíveis utilizados em cada região, são fatores que influenciam.

A matriz energética utilizada para a geração de eletricidade é determinante das emissões indiretas associadas ao consumo de eletricidade e apresenta ampla variação (Figura 3.3)[16]. Em consequência da nossa matriz de eletricidade e também do baixo consumo de energia em condicionamento ambiental no País, um aumento da eficiência energética nos edifícios não tem maiores contribuições para as emissões de CO_2 brasileiras. Tem, no entanto, um significado econômico e social importante: a geração de energia drena uma parcela importante dos recursos públicos.

O inventário Nacional[3] estima que, em 2005, as emissões diretas (queima de combustíveis fósseis) relativas ao uso de edifícios representavam 1,2% das emissões totais ou 5% das emissões, excetuadas as relativas a mudança do uso do solo. Adicionando as emissões associadas à produção de eletricidade, de acordo com o BEN – dados de 2005[17] essa participação passa para 1,9 ou 8,3%, respectivamente. Se forem incorporadas as emissões resultantes da queima de madeira, que é reportada no BEN, a participação dos edifícios cresce por um fator de 3 no cenário de que 70% da madeira não provêm de manejo ou plantação.

Nem todo esse impacto é influenciado pela construção. A queima de combustíveis é responsável por 60% das emissões e se deve fundamentalmente a atividades de cocção – atividade na qual a construção tem pouca ou nenhuma influência – e, secundariamente, ao aquecimento de água.

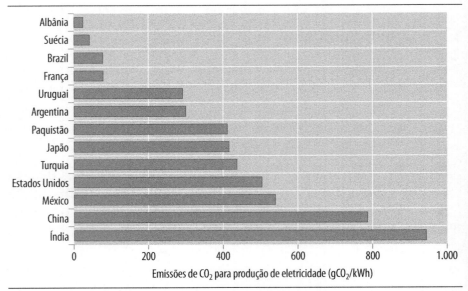

Figura 3.3 – Exemplo da variação das emissões CO_2 para a produção de electricidade entre diferentes países.
Fonte: World Resource Institute, 2009. Preparado a partir de dados do GHG Protocol, (dados 2006, considerando todos os combustíveis).

A contribuição da construção para as mudanças climáticas

No caso da eletricidade, a Construção Civil pode influenciar apenas aspectos relativos a iluminação, condicionamento ambiental – ventilação, aquecimento elétrico e ar condicionado – e aquecimento de água[1]. O potencial de contribuição do setor depende muito das características regionais de consumo de eletricidade (Tabela 3.1)[18].

TABELA 3.1 – Consumo de eletricidade (%) em diferentes regiões brasileiras*						
Região	Refrigeração	Água quente	Iluminação	Ar condicionado	Outros	Construção (Mínimo)
Sudeste	19,5	30	17,8	3,3	29,3	51,1
Sul	25,2	43,9	12,6	10,1	8,2	66,6
Norte	16,8	0,4	10,2	18	54,5	28,6
Nordeste	20,2	12,3	6,5	4,9	56,2	23,7
Centro-oeste	21,2	18	13,6	6,4	40,9	38
Brasil	20,4	20,6	12,2	8,7	38	41,5

*A participação da construção é a soma de água quente, iluminação e ar condicionado, ignorando a contribuição dos ventiladores e aquecedores elétricos.
Fonte: Elaborado a partir de Schaffer et al., 2008[18].

Por outro lado, espera-se que o consumo de eletricidade pelos edifícios brasileiros dobre até o ano 2030[18]; simultaneamente, que a geração de eletricidade a partir de biomassa cresça 7% ao ano[19], o que multiplicaria por 5 a intensidade de CO_2 da eletricidade, aumentando as emissões globais do setor elétrico por um fator de 10.

3.2.3 Transporte de materiais e resíduos

O setor de transporte foi responsável em 2005 por 8,1% das emissões totais de CO_2, sendo que o transporte rodoviário foi responsável por 7,5%. Uma parcela importante dessas emissões está associada ao movimento de materiais de construção, pois estes representam uma fração grande do fluxo de materiais. Muitos produtos da construção, viajam longas distâncias por rodovias, utilizando predominantemente diesel como combustível.

Um estudo recente, ainda não publicado, revela que, no ano de 2007, a madeira legal, extraída da Amazônia brasileira, viajava de caminhão até 4.350 km, com uma média por 1.700 km de distância, consumindo aproximadamente 0,33% do diesel nacional[20].

3.2.4 Outros

Dentre outras fontes de emissões de gases do efeito estufa na Construção Civil, incluem-se as emissões de metano associadas à decomposição de matéria orgânica, como a madeira, as emissões de compostos orgânicos voláteis de tintas, adesivos, asfalto e outros materiais de construção, e as emissões associadas aos fluidos de refrigeração e extintores.

3.3 Impacto e adaptação do ambiente construído

As mudanças climáticas vão apresentar impactos significativos no ambiente construído. Esses impactos vão muito além do aumento do nível do mar que afetarão as comunidades e biomas costeiros. No caso da baixada Santista[21], a elevação do nível do mar deverá causar erosão de praias, aumento da salinidade no lençol freático, com potencial implicação em abastecimento urbano, bem como inundações de áreas mais baixas.

Muitos parâmetros de projeto, do cálculo da carga térmica para dimensionamento de ar condicionado ou projeto bioclimático, dimensionamento de sistemas de drenagem dos edifícios até a escala urbana, esforços associados a gradientes térmicos e cargas de vento, são tradicionalmente elaborados a partir de dados históricos do clima, com conceitos como tempo de recorrência etc. Em um cenário de mudança climática esses modelos deixam de ser eficientes, demandando correções que devem ser realizadas a partir de modelos de previsões do clima, intrinsecamente menos precisos.

Por outro lado, boa parte do ambiente construído foi projetado com dados de clima do passado. Com a mudança do clima, o seu funcionamento passa a ser deficiente, com maior frequência de falhas, seja de inundação por subdimensionamento do sistema de drenagem ou até aumento da possibilidade de risco de falha localizada, por aumento de carga de vento. Em resumo, o ambiente construído necessita ser adaptado para as mudanças climáticas que não podem ser evitadas.

O cenário de incertezas tem levado as seguradoras à discussão da necessidade de elevação das taxas de seguro imobiliário[22] e até o desenvolvimento de novos modelos de negócios[23].

Uma análise da literatura internacional revela preocupações em todas as dimensões.

a) **Segurança estrutural em edifícios**: associada tanto ao aumento de cargas de vento – o que pode implicar um risco maior de ciclones e furacões – cargas térmicas e acumulação de água durante precipitações intensas[24–26];

b) **Segurança de abastecimento de água**, em virtude do risco de períodos secos, com impacto tanto na necessidade de dimensionamento de reservatórios de água quando na geração de energia elétrica, e até mesmo aumento da salinidade provocada pelo aumento do nível do mar;

c) **Aumento do risco de enchentes e alagamentos** em áreas densamente povoadas, em virtude da possibilidade de um crescente número de chuvas intensas.

d) **Aumento do risco do escorregamento de taludes**, naturais ou artificais[27] por chuvas intensas;

e) **Modificações na taxa de degradação de materiais de construção**, como, por exemplo, a velocidade de carbonatação do concreto levando à corrosão de armadura precoce, já que elevação da temperatura implica aumento das taxas de corrosão[28], entre outros;

f) **Aumento da temperatura ambiental** e, em consequência, aumento do desconforto do usuário, aumentando a demanda por ar condicionado, e aumento da carga térmica dos equipamentos existentes, aumentando o consumo de energia dos edifícios[29];

g) **Problemas de fundações** em edifícios associados a variações do nível do lençol freático[30].

Até o momento existe pequena produção de conhecimento sobre o tema no País, sendo a pesquisa "Vulnerabilidade das Megacidades Brasileiras às Mudanças Climáticas: Região Metropolitana de São Paulo"[31] um importante início. A Tabela 3.2 resume as prováveis alterações na Grande São Paulo nos próximos 90 anos.

De uma forma geral, o estudo revela que espera-se um agravamento de condições que hoje já são desfavoráveis, incluindo o crescimento do número de dias com grandes volumes de chuva – fato que já vem se observando desde a década de 1940 em virtude da mudança de microclima.

TABELA 3.2 – Sumário das projeções climáticas							
	Presente observado	Presente simulado	2030-40	cont.	2050-60	cont.	2080-90	cont.
Temperatura	↗	↗	↗	Alta	↗	Alta	↗	Alta
Noites quentes	↗	↗	↗	Alta	↗	Alta	↗	Alta
Noites frias	↘	↘	↘	Alta	↘	Alta	↘	Alta
Dias quentes	↗	↗	↘	Alta	↗	Alta	↗	Alta
Dias frios	↘	↘	↗	Média	↘	Alta	↘	Alta
Ondas de calor	Não obs.	↗	↗	Média	↗	Média	↗	Alta
Chuva total	↗	↗	↗	Alta	↗	Média	↗	Alta
Precipitação intensa	↗	↗	↗	Média	↗	Média	↗	Alta
Precipitação >10 mm	↗	↗	↗	Média	↗	Média	↗	Alta
Dias prec. > 20 mm	↗	↗	↗	Média	↗	Média	↗	Média
Dias secos consecutiv.	↘	↗	↘	Média	↗	Média	↗	Alta

Fonte: Tabela derivada do modelo regional Eta-CPTEC 40 km para a RMSP[31].

A adaptação de nossas cidades deverá requerer tempo, bem como recursos financeiros e materiais consideráveis. É urgente a realização de estudos detalhados, que sejam capazes de orientar administradores e a sociedade em geral na decisão quanto ao nível de risco que se aceita correr e no estabelecimento de prioridades de investimento.

3.4 Conclusões

Apesar de não serem exaustivos, os dados existentes revelam que, diferentemente de outros países, concentrar a estratégia para mitigação de gases do efeito estufa na construção, pela promoção da economia de energia de condicionamento ambiental e iluminação em edifícios, isoladamente, não é suficiente para resultar em mitigação significativa no curto prazo, posto que essa indústria é responsável por uma parcela muito pequena das emissões, especialmente se excluída a fração das emissões devidas a atividades de cocção, que não são relacionadas ao setor.

No entanto, é necessário reconhecer que a economia de energia é muito importante em qualquer estratégia de desenvolvimento sustentável. Ela traz outros benefícios ambientais, como a proteção de biomas muito afetados pelas hidrelétricas. Traz significativos benefícios econômicos – o investimento na geração de energia apresenta alto custo e o custo da energia onera empresas e famílias. Finalmente, traz também benefícios sociais – a construção de sistemas de geração e de distribuição de energia impacta muitas comunidades.

Por outro lado, o planejamento energético do governo brasileiro prevê um enorme crescimento da geração de eletricidade por energia fóssil – um provável fator de 5 – o que tornará progressivamente mais relevante a economia de eletricidade. A economia de energia, particularmente nos horários de pico, reduzirá a demanda por termelétricas e poderá ter importante contruibuição para a mitigação[18].

Assim, uma estratégia eficaz para mitigação de gases do efeito estufa no setor da construção demanda uma ação setorial mais abrangente, que inclua as cadeias produtivas de materiais de construção – notadamente a da madeira, e o do transporte de produtos – e que será, por bastante tempo, responsável por mais da metade das emissões, aliada à prevenção do aumento do consumo de eletricidade. Essa estratégia deverá ser desenhada a partir de um estudo aprofundado das emissões de gases do efeito estufa das diferentes partes da cadeia produtiva e considerar as especificidades regionais, tanto do setor produtivo quanto do perfil de consumo.

Apoio à inovações para a mitigação e adaptação às mudanças climáticas é parte integrante dessa estratégia.

Oportunidades de inovação

As oportunidades de inovação incluem: a) ferramentas de gestão, com indicadores simplificados (como bases de dados de pegada de carbono ou análise do ciclo de vida simplificada) que permitam ao setor (empresas e consumidores) medir sua pegada de carbono; b) novos materiais e melhorias da rota de produção e consumo de materiais existentes para a mitigação das emissões; c) sistemas de baixo custo para captura de carbono.

Previsões dos efeitos das mudanças climáticas no ambiente construído, bem como ferramentas e modelos que auxiliem projetistas a dimensionar soluções resilientes às prováveis mudanças climáticas são também uma necessidade urgente.

A área de adaptação às mudanças climáticas está comparativamente mais atrasada. Soluções de drenagem urbana e retenção de água de chuva de

> baixo impacto socioambiental, estratégias e tecnologias que permitam a disseminação de soluções que reduzam o albedo das cidades a baixo custo, são necessárias tecnologias para adaptação de construções às mudanças de clima e suas decorrências.

Referências bibliográficas

1. PACHAURI, R. K.; REISINGER, A. *Climate change 2007*. Synthesis report, v. 104. IPCC: Geneva, 2007. Disponível em: <http://www.ipcc.ch/publications_and_data/publications_ipcc_fourth_assessment_report_synthesis_report.htm>.

2. MANN, M. E.; JONES, P. D. Global surface temperatures over the past two millennia. *Geophys. Res. Lett.*, v. 30, 4 p., 2003.

3. MCT. Inventário brasileiro das emissões e remoções antrópicas de gases de efeito estufa. 2009. Disponível em: <http://www.mct.gov.br/upd_blob/0207/207624.pdf>.

4. CROWLEY, T. J. Causes of climate change over the past 1,000 years. *Science*, v. 289, p. 270-277, 2000.

5. LEVINE, M., ÜRGE-VORSATZ, D.; BLOK, K.; GENG, L.; HARVEY, D.; LANG, S.; LEVERMORE, G.; MONGAMELI MEHLWANA, A.; MIRASGEDIS, S.; NOVIKOVA, A.; RILLING,J.; YOSHINO, H. Residential and commercial buildings. In: *Climate change 2007:* Mitigation. Contribution of Working Group III to the Fourth Assessment Report of the Intergovernmental Panel on Climate Change 60, 2007.

6. UNEP. *Buildings and climate change* – status, challenges and opportunities, 2007. Disponível em: <http://www.unep.org/sbci/pdfs/BuildingsandClimateChange.pdf>.

7. MÜLLER, N.; HARNISCH, J. *A blueprint for a climate friendly cement industry*, 2008. Disponível em: <http://assets.panda.org/downloads/english_report_lr_pdf.pdf>.

8. BERNSTEIN, L. et al. Industry. Contribution of working group III. In: *Climate change 2007:* Mitigation. v. 7, p. 447-496, 2007.

9. SOUZA, U. E. L.; PALIARI; J. C., OLIVEIRA; C. T. A.; AGOPYAN, V. Perdas de materiais nos canteiros de obras: a quebra do mito. *Qualidade*, p. 10-15,

1998. Disponível em:<http://www.gerenciamento.ufba.br/Disciplinas/Produtividade/Perdas%20Revista%20Qualidade.pdf>.

10.ITTERBEECK, P.; CUYPERS, H.; ORLOWSKY, J.; WASTIELS, J. Evaluation of the strand in cement (SIC) test for GRCs with improved durability. *Mater Struct*, v. 41, p. 1109-1116, 2007.

11.DAMINELI, B. L.; KEMEID, F. M.; AGUIAR, P. S.; JOHN, V. M. Measuring the eco-efficiency of cement use. *Cement and Concrete Composites*, v. 32, p. 555-562, 2010.

12.IEA/WBCSD. *Cement technology roadmap*: carbon emissions reductions up to 2050. (OECD/IEA/WBCSD: 2010). Disponível em: <http://www.oecd-ilibrary.org/energy/cement-technology-roadmap--carbon-emissions-reductions-up-to-2050_9789264088061-en>.

13.CEDERBERG, C.; PERSSON, U. M.; NEOVIUS, K.; MOLANDER, S.; CLIFT, R. Including carbon emissions from deforestation in the carbon footprint of Brazilian beef. *Environ. Sci. Technol.* v. 45, p. 1773-1779, 2011.

14.PEREIRA, D.; SANTOS, D.; VEDOVETO, M.; GUIMARÃES, J.; VERÍSSIMO, A. *Fatos florestais da Amazônia 2010*. Belém: Imazon, 2010. Disponível em: <http://www.imazon.org.br/novo2008/arquivosdb/FatosFlorestais_2010.pdf>.

15.PRICE, L. et al. *Sectoral trends in global energy use and greenhouse gas emissions*. Berkeley: LBNL, 2006.

16.WORLD RESOURCES INSTITUTE. *GHG Protocol tool for purchased electricity*, 2009.

17.EMPRESA DE PESQUISA ENERGÉTICA (Brasil). *Balanço energético nacional 2010*: Ano base 2009, v. 276. Rio de Janeiro: EPE, 2010.

18.SCHAEFFER, R., COHEN, C., AGUIAR, A. C. J.; FARIA, G. V. R. The potential for electricity conservation and carbon dioxide emission reductions in the household sector of Brazil. *Energy Efficiency*, v. 2, p. 165-178, 2008.

19.MINISTÉRIO DE MINAS E ENERGIA & EMPRESA DE PLANEJAMENTO ENERGÉTICO. *Plano nacional de energia 2030*. (Brasília, 2007). Disponível em: <http://www.epe.gov.br/PNE/20070626_1.pdf>

20.CAMPOS, É. F. de; PUNHAGU, K. R. G.; JOHN, V. M. Emissão de CO_2 do transporte da madeira nativa da Amazônia. *Ambiente Construído (aceito)*, 2011.

21. ALFREDINI, P., ARASAKI, E.; DO AMARAL, R. F. Mean sea-level rise impacts on Santos Bay, Southeastern Brazil – physical modelling study. *Environ Monit Assess*, v. 144, p. 377-387, 2008.

22. BERZ, G. A. Catastrophes and climate change: Concerns and possible countermeasures of the insurance industry. *Mitigation and Adaptation Strategies for Global Change*, v. 4, p. 283-293, 1999.

23. MILLS, E. A global review of insurance industry responses to climate change. *The Geneva Papers*, p. 323-359, 2009. doi:10.1057/gpp.2009.14.

24. KASPERSKI, M. Climate change and design wind load concepts. *Wind and Structures, an International Journal*, v. 1, p. 145-160, 1998.

25. STEWART, M.G.; LI, Y. Methodologies for economic impact and adaptation assessment of cyclone damage risks due to climate change. *Australian Journal of Structural Engineering*, v. 10, p. 121-135, 2010.

26. STEENBERGEN, R. D. J. M.; GEURTS, C. P. W.; BENTUM, C. A. van. Climate change and its impact on structural safety. *HERON*, v. 54, p. 3-36, 2009.

27. BO, M. W.; FABIUS, M.; FABIUS, K. Impact of global warming on stability of natural slopes. In: *Proceedings of the 4th Canadian conference on geohazards*: from causes to management, 2008. Disponível em: <http://www.landslides.ggl.ulaval.ca/geohazard/Processus/bo.pdf>.

28. NIJLAND, T. G.; ADAN, O. C. G.; VAN HEES, R. P. J.; VAN ETTEN, B. D. Evaluation of the effects of expected climate change on the durability of building materials with suggestions for adaptation. *Heron*, v. 54, p. 37-48, 2009.

29. AUSTRALIAN GREENHOUSE OFFICE. *An Assessment of the Need to Adapt Buildings for the Unavoidable Consequences of Climate Change*, 2007.

30. HERTIN, J.; BERKHOUT, F.; GANN, D. M.; BARLOW, J. Climate change and the UK house building sector: Perceptions, impacts and adaptive capacity. *Building Research and Information*, v. 31, p. 278-290, 2003.

31. NOBRE, C.A. et al. *Vulnerabilidades das megacidades brasileiras às mudanças climáticas:* Região metropolitana de São Paulo (Sumário Executivo). v. 32, São Paulo, 2010. Disponível em: <http://www.inpe.br/noticias/arquivos/pdf/megacidades.pdf>.

4 Cadeia produtiva de materiais e de componentes e a sustentabilidade

4.1 Introdução – o fluxo de materiais

Na vida moderna, todos os setores da economia dependem de um fluxo constante de materiais, em um ciclo que começa na extração de matérias-primas naturais, e segue em sucessivas etapas de transformações industriais, transporte, montagem, manutenção e desmontagem final[1].

À medida que os materiais são movidos ao longo do seu ciclo de vida, são gerados resíduos. Estima-se que entre ½ a ¾ dos materiais extraídos da natureza retornam como resíduos em um período de 1 ano[2]. A produção de 1 g de cobre exige a geração de 99 g de resíduos de mineração[3] e esses valores vão aumentando à medida que as jazidas de maior concentração vão se esgotando, forçando a exploração de áreas com menor teor de minério final. Ao final da vida útil, todo produto se transforma inevitavelmente em lixo – ou resíduo pós-uso. Em consequência, estima-se que a massa de resíduos gerada no longo prazo seja entre 2[2] a 5[4]vezes maior que a massa de produtos que consumimos.

FIGURA 4.1 – O ambiente construído: um mundo feito de materiais de construção. A escala do ambiente construído torna os materiais de construção um problema ambiental relevante.

Entendendo o Fluxo de Materiais

A animação The Story of Stuff de Annie Leonard apresenta uma perspectiva bem-humorada do fluxo de materiais, sob o ponto de vista de uma cidadã norte-americana. Visite <www.storyofstuff.org>. Estudos de fluxo de materiais são típicos da área de pesquisa identificada como ecologia industrial. Eles são utilizados como parte do planejamento econômico e ambiental, pois permitem antecipar as necessidades de matérias-primas e identificar pressões sobre biomas e mapear o destino de materiais tóxicos, bem como estimar a geração de resíduos[2]. Esses estudos podem ser realizados em diferentes escalas: das empresas, dos países e globalmente. Até o momento, o Brasil não dispõe dessas estatísticas, tampouco a ecologia industrial é uma área de investigação consolidada no País.

A manutenção da vida moderna está demandando quantidades de materiais que vêm crescendo muito rapidamente. Atualmente, são extraídos, a cada ano, cerca de 10 toneladas de matérias-primas naturais para cada habitante. Em alguns países esse valor pode atingir 80 toneladas/hab.ano. Esse ritmo extrativo não pode ser mantido indefinidamente, pois vivemos em um sistema fechado – a Terra. Algumas matérias-primas mais raras já começam a escassear, exigindo que sejam explorados depósitos menos ricos, de acesso mais difícil e distante, que exigem maior consumo de energia, geram mais resíduos e têm custo mais elevado. A necessidade de proteger biomas e, até mesmo, a paisagem limita cada vez mais a disponibilidade de matérias-primas. Alguns países já são forçados a importar agregados para concretos e argamassas, e argilas para a produção de cerâmica: a busca por fontes seguras de matérias-primas faz parte do planejamento estratégico de um país.

Este capítulo exemplifica os impactos ambientais e sociais associados a produção, uso e fim da vida útil dos materiais, discutindo alguns deles, para, ao final, apresentar uma visão do método de análise do ciclo de vida, a ferramenta utilizada para quantificar e minimizar os impactos ambientais.

4.2 A intensidade de consumo dos materiais da construção

O produto da construção, o ambiente construído, tem enorme extensão e não pode ser miniaturizado. A sua construção demanda uma enorme quantidade de materiais – algo entre 4 a 7 toneladas por habitante a cada ano. O cimento Portland é o material artificial de maior consumo pelo homem. A produção total e *per-capita* vem aumentando rapidamente, tendo evoluído de valores abaixo de 40 kg/hab. ano na década de 1930 para valores 422 kg/hab. ano em 2008[5], sendo atualmente uma quantidade superior ao consumo de alimentos (Figura 4.3). Como o cimento não é utilizado isoladamente, mas em combinação com uma grande quantidade de agregados e água, no Brasil, cerca de 1/3 dos recursos naturais vão para a produção de materiais cimentícios. Em 2009, no País, foram produzidas 52 milhões de toneladas de cimento, que foi misturado com cerca de 340 milhões de toneladas de agregados, totalizando 390 milhões de toneladas de matéria-prima[1], cerca de 2 toneladas por habitante. A massa total dos automóveis produzida no mesmo ano é cerca de **100 vezes menor que o consumo de produtos** à **base de cimento**. Dentro de uma construção, o concreto é apenas uma parcela dos materiais utilizados, por exemplo, é provável que utilizemos cerca de 100 milhões de toneladas anuais de cerâmica vermelha!

O consumo de materiais de construção total e *per-capita* vem aumentando quase ininterruptamente nos últimos 100 anos, e essa ten-

---

1 Além de 36 milhões de toneladas de água, não incluídas na conta de matérias-primas.

dência continua. Mantidas as atuais soluções tecnológicas, será necessário multiplicar por 2,5 vezes a produção de cimento, bem como dos demais materiais de construção entre 2010 e 2050 (Figura 4.2). O crescimento da demanda ocorre principalmente em países em desenvolvimento, onde a sustentabilidade social exige o atendimento às demandas sociais por um ambiente construído de melhor qualidade.

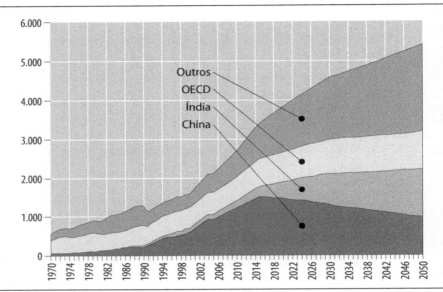

FIGURA 4.2 – Previsão da evolução do consumo de materiais de cimento, mantidas as tecnologias atuais[6]. A demanda mundial por produtos a base de cimento deverá crescer 2,5 vezes entre 2010 e 2050. No mesmo período, a demanda nos países em desenvolvimento (exceto China e Índia) tem crescimento esperado de 3,2 vezes. A demanda por outros materiais deverá acompanhar essa tendência.
Fonte: Taylor, M.; Tam, C.; Gielen, D., 2006.

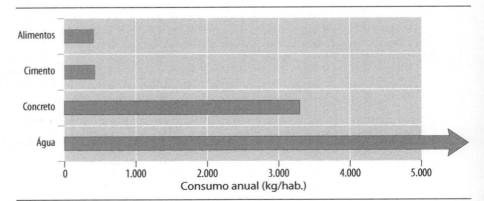

FIGURA 4.3 – Comparação do consumo de materiais naturais *per-capita* em nível mundial.
Fonte: Dados dos autores compilados a partir de várias fontes.

De uma forma geral, a intensidade de uso de materiais da construção é muito mais elevada que de outros setores, pois, com participação no PIB, geralmente, em torno de 10%, é responsável por algo em torno de 50% do consumo de materiais.

A massa de resíduos gerada é proporcional ao consumo de materiais. O que chamamos de resíduos de construção e demolição é apenas uma pequena parcela do que a cadeia produtiva gera: cada processo de mineração ou industrial que alimenta a atividade de construção e manutenção contribui para o todo.

Um dos desafios do futuro é desmaterializar a construção, reduzindo a massa de materiais utilizada e o volume de resíduos gerados, reduzindo, simultaneamente, os demais impactos ambientais. Esse desafio exigirá do setor um grande esforço de inovação.

4.3   Impactos ambientais de materiais

Ao longo de seu ciclo de vida – da extração das matérias-primas passando pelo uso e finalmente pela desmobilização ao final da vida útil – todo e qualquer produto, mesmo os considerados naturais como as rochas, o solo e a madeira, exerce diferentes impactos no ambiente, como, por exemplo, colaborando para a destruição de biomas, consumindo quantidade significativas de energia, liberando poluentes diversos no ar e na água, além de resíduos sólidos, e provocando a geração de produtos tóxicos que, em algum estágio de sua vida útil, serão liberados para o ambiente etc. (Tabela 4.1). Não existem materiais que não tenham qualquer impacto ambiental.

A magnitude do impacto de cada material depende muito de condições locais, como: detalhes do processo produtivo, natureza do combustível utilizado, distâncias e modalidades de transporte, detalhes do projeto, condições de exposição durante o uso, manutenção e práticas a serem adotadas após a vida útil dos materiais. Em consequência, existem diferenças muito significativas de impactos ambientais provocados por diferentes fabricantes de um mesmo produto, em função de mudanças na fonte de energia, existência ou não de filtros nas chaminés, eficiência energética do processo etc. A importância da questão regional pode ser analisada a partir das diferenças de emissões de gases do efeito estufa associadas à energia elétrica, que, entre países, variam em um fator de até 25 vezes.

Os dados do Inventário brasileiro das emissões e remoções antrópicas de gases de efeito estufa[7] revelam que no Brasil, diferentemente da média mundial, as emissões de gases do efeito estufa dos edifícios durante a fase de produção e no transporte de materiais é mais importante que os associados ao consumo de energia durante o uso do edifício. Mesmo a madeira nativa, por ser transportada por longas distâncias, tem uma pegada ecológica de CO_2 elevada.

TABELA 4.1 – Exemplos de categorias de impactos ambientais. Os cinco primeiros impactos são considerados pelo CBCS (Conselho Brasileiro de Construção Sustentável) como prioritários para uma metodologia de Análise do Ciclo de Vida simplificado, que seja viável na Construção Civil brasileira.	
Impacto	**Descrição**
Mudanças climáticas	Emissões de gases como CO_2, CH_4, NO_x, HCFC que diminuem a capacidade de emissão de energia de onda longa do globo terrestre para o espaço, provocando aquecimento.
Uso de recursos naturais	Consumo das reservas de produtos não renováveis ou exploração de produtos renováveis sem manejo ou acima da capacidade de recomposição.
Consumo de energia	Categoria que analisa a eficiência no uso de energia bem como a contribuição para o esgotamento de fonte de energias não renováveis.
Geração de resíduos	Acumulação de resíduos com risco de contaminação ambiental e desperdício de recursos naturais.
Consumo de água	Consumo de água na atividade, contribuição para o stress hídrico da região, e as consequências em capacidade de suporte de vida.
Toxicidade	Emissão ou uso de produtos que podem significar risco à saúde humana ou à de outras espécies, como dioxinas, furanos, formaldeído, biocidas, metais pesados como o mercúrio.
Destruição da camada de ozônio	Emissão de gases como os CFCs, Halon, HCFC, tricloroetano, principalmente por fluidos de ar-condicionados e geladeiras.
Poluição por nutrientes (eutrofização)	Contaminação do ambiente – especialmente de corpos de água – por elementos como fosfato, amônia, nitrogenados, fósforo, desequilibrando ecossistemas.
Acidificação	Contaminação do solo, do ar e da água, por produtos ácidos (como SOx), afetando animais, vegetação e até edifícios.
Poluição do ar	Emissões de gases como SO_x, NO_x, material particulado, inclusive aqueles que podem levar a formação de smog fotoquímico. No caso do ambiente interno, emissões de compostos voláteis.

4.4 Impactos ao longo do uso

Não se pode negligenciar a contribuição dos impactos ambientais que os materiais têm durante a fase de uso. Existem sólidas provas de que a água é capaz de lixiviar compostos perigosos incorporados em muitos materiais, incluindo biocidas de tintas e alguns aditivos empregados em concretos[8]. Embora, na maioria dos casos, as concentrações sejam muito baixas para causar preocupações, o risco associados a eventual acumulação ao longo do tempo precisa ser considerado. Esse tipo de análise é fundamental quando as matérias-primas são resíduos [4], fração na qual frequentemente se concentram espécies químicas perigosas. Falta, no Brasil, uma normalização padronizada como as normas holandesas (NEN 7343, NEN 7345 e NEN 7375), aplicáveis a todo e qualquer material mineral, mesmo que não contenha resíduos. Essas normas estão ancoradas em modelos que permitem a´ estimativa das emissões de espécies químicas para o meio ambiente no longo prazo. A discussão da liberação da reciclagem tem sido feita caso a caso, em processo custoso e com alto risco de erros. O estabelecimento desse marco normativo é fundamental para o País.

Outro impacto importante, este mais conhecido, é a capacidade de alguns materiais de emitirem (e até mesmo absorverem) compostos orgânicos voláteis. Esses compostos possuem ponto de início de ebulição abaixo de 250 °C e, portanto, podem evaporar materiais à temperatura ambiente[9]. Além de colaborarem para a formação de *smog*[2] e o aquecimento global, podem causar problemas de saúde de trabalhadores e usuários, pois alteram a qualidade do ar interno dos edifícios, sendo uma das causas da síndrome dos edifícios doentes – tema que, no Brasil, foi resumido equivocadamente a contaminação de dutos de ar condicionado por microrganismos. Além de tintas[9], os voláteis podem ser encontrados em adesivos, carpetes, revestimentos de pisos poliméricos, chapas de madeira, incluindo os pisos de madeira, entre outros[10].

Um exemplo de impacto ambiental positivo de um material durante a fase de uso é a reação de algumas fases do cimento e da cal hidratada

---

2   *Smog* é a junção de duas palavras inglesas: *smoke* e *fog*, respectivamente, fumaça e neblina. Caracteriza-se por mistura de gases, fumaça e vapores de água, sendo formada por óxidos de nitrogênio (NOx), compostos voláteis orgânicos (VOC), dióxido de sulfureto, aerossóis ácidos e gases.

com o CO_2 atmosférico. Essa contribuição não é suficiente para neutralizar as emissões[11] – até porque, em concreto armado, são tomadas medidas para controlar a reação, de maneira a garantir a manutenção da proteção ao aço – e depende das práticas de destino do concreto após a demolição. Mas certamente não pode ser considerada desprezível e deverá crescer significativamente com o aumento da concentração do gás na atmosfera[12].

Esses e outros impactos ambientais são hoje quantificáveis por meio da metodologia de "Análise do Ciclo de Vida" (ACV), que é parte da série de normas da ISO 14000. Essa metodologia está baseada na quantificação dos fluxos de entrada (consumo) e saída (emissões) de materiais e energia associados ao produto, ao longo do ciclo de vida. Essa metodologia, em tese, permite a tomada de decisões analisando o impacto ambiental, e deverá lastrear as declarações ambientais de produto – ferramenta que permite a um fornecedor declarar as emissões associadas ao ciclo de vida do seu produto, da mesma forma com que hoje declaram suas propriedades técnicas. Simultaneamente, permite que os clientes – privados ou públicos – tomem decisões baseadas nos impactos ambientais medidos nos processo de produção reais.

Uma das barreiras que está atrasando a popularização da análise do ciclo de vida é que o modelo, como proposto, requer uma enorme quantidade de informações e medidas, que encarecem e tornam trabalhosa e demorada a sua realização. Por isso, a quase totalidade das análises de ciclo de vida publicadas, usam dados de inventários de emissões comerciais ou públicas existentes, prática que introduz imprecisões significativas e pode, em muitos casos, levar a decisões equivocadas. Como hoje é proposto, a ACV será, por muito tempo, um projeto especial realizado em determinado momento, em que boa parte dos dados não foi medida pelo produtor e seus fornecedores, mas "comprada" de bases de dados, muitas vezes, estrangeiras. Declarar o impacto ambiental de um produto, algo que varia com alterações em insumos, combustíveis, e mesmo com a oscilação natural do processo, sem que este seja controlado no dia a dia, é uma opção, no mínimo, desconfortável.

A única opção para popularizar a análise do ciclo de vida, é desenvolver modelos simplificados. Esses modelos devem estar ancorados em declarações ambientais de produtos e quantidades de entrada de insumos e energia, bem como de despacho de produtos e resíduos registrados no sistema de gestão da empresa, complementado com medidas de emissão de poluentes para o ar e a água, obtidos automaticamente e de forma contínua. O fluxo permanente de dados permitirá a gestores acompanhar o desempenho ambiental de forma integrada no dia a dia da gestão da empresa, permitindo o estabelecimento de metas. Modelos similares já existem em muitas empresas no País, como no setor cimenteiro (Figura 4.4) e siderúrgico, que tem produtos bastante simples. A generalização dessa prática tornará fácil o estabelecimento de declarações ambientais de produtos por toda a economia.

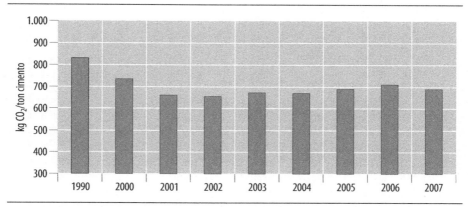

FIGURA 4.4 – Evolução das emissões médias de CO_2 da empresa Votorantim Cimentos. Alguns dos cimentos comercializados têm emissões significativamente menores. As emissões médias mundiais se encontram acima de 800 kg/m³, o que revela o excelente desempenho ambiental da empresa. Essa iniciativa de publicação é seguida por outras cimenteiras integrantes do CSI – WBCSD (Cement Sustainability Initiative – World Business Council for Sustainable Development).
Fonte: Dados divulgados pela Votorantim Cimentos em sua home page e auditados por empresa terceirizada.

Na Construção Civil, a existência de bases de dados de declarações ambientais de produto tornará a análise do ciclo de vida trivial, uma vez que as novas ferramentas de projeto, como o Building Information Modelling (BIM), já incorporam modelos que, na existência dos dados, podem calcular os impactos. Na falta dos dados fundamentais esses sistemas continuam, na maioria das vezes, inoperantes.

No momento, não existe sistema de certificação de edifícios *green building* que esteja baseado unicamente na análise do ciclo de vida, o que leva a resultados inconsistentes e, em certa medida, arbitrários, posto que dependem da eficácia prática das medidas estabelecidas pelos criadores das regras em otimizar o desempenho ambiental da obra específica. É difícil entender por que, mesmo em países onde existem bases de dados estáticas (não baseadas em declarações ambientais de produto), a quase totalidade das metodologias existentes não utiliza os conceitos de ciclo de vida. No momento, as únicas exceções são a ferramenta de certificação inglesa (Breeam), que é parcialmente baseada em dados de um inventário do ciclo de vida, e a ferramenta francesa (HQE), que incentiva a tomada de decisão baseada em declaração ambiental de produto.

No caso brasileiro, pela ausência de uma base nacional de inventário do ciclo de vida de matérias-primas, profissionais e pesquisadores têm recorrido a bases estrangeiras com resultados ainda mais precários. Em consequência, as empresas nacionais exportadoras não conseguem demonstrar ou otimizar nossa enorme eco-competitividade industrial, derivada da nossa matriz energética limpa e da modernidade da nossa indústria. Só agora o País começa a estabelecer uma política para o tema, com a recente criação do Programa Brasileiro de Avaliação do Ciclo de Vida (PBACV), que ainda não foi implementado.

Essa complexidade tem levado à crescente discussão sobre a necessidade de simplificação das análises do ciclo de vida, de forma a torná-las mais viáveis. O Conselho Brasileiro de Construção Sustentável (CBCS) tem proposto a adoção, no País, de uma metologia simplificada concentrada em impactos considerados mais urgentes – os cinco primeiros da Tabela 4.1 –, e que torne possível a introdução, no médio prazo, de um sistema de declarações ambientais de produto simplificado, que se integre aos modelos BIM. O país com um modelo mais avançado nesse sentido é a França, que inclui o Inies (www.inies.fr), uma base de declarações ambientais, de saúde e da vida útil esperada para os produtos. Essa base de dados é gerida pela sociedade, que tem acesso gratuito, e se integra aos modelos BIM.

4.5 Impactos sociais dos produtos

O ciclo de vida dos materiais traz, também, impactos sociais, tanto positivos como negativos. Dada a escala de produção de materiais, esses impactos são importantes.

Um dos grandes desafios para a construção brasileira aumentar seus benefícios sociais é a eliminação da informalidade, que atinge parcela significativa da produção de muitos materiais de construção, como é apresentado na Seção 6.4.

A sonegação de impostos limita a capacidade de investimento do Estado, afetando a construção de uma infraestrutura comum e as políticas sociais. O fato de que a sonegação no País não é crime, aliada à peculiaridade de que boa parte dos materiais é comercializada diretamente para o consumidor final, que não exige nota fiscal, agrava o sistema. Infelizmente, a prática usual do agente estatal é aumentar a taxa de imposto para compensar a perda de receita, aumentando os benefícios econômicos dos sonegadores.

Outra forma de informalidade é o desrespeito à legislação ambiental[3] e aos direitos trabalhistas, que pode chegar, em algumas situações, à exploração de mão de obra em atividade análoga à escravatura.

Finalmente, a informalidade também pode ser resultado do desrespeito a normas técnicas, frequentemente gerando um aumento nos riscos de defeitos durante a fase de uso ou provocando um aumento de impactos ambientais e despesas, durante a fase de uso do produto. O Programa Brasileiro de Qualidade e Produtividade no Habitat (PBQP-H), coordenado pelo Ministério das Cidades, congrega um esforço importante da sociedade brasileira no combate a não conformidade intencional com normas técnicas. Esse programa já obteve resultados importantes em muitos setores como o da cal hidratada, tintas e tubos de PVC para água e esgoto. No entanto, não tem sido capaz de atacar setores menos organizados, dominados por pequenas empresas familiares. Hoje se discute a inclusão da variável ambiental dentro do PBQP-H.

Um lado perverso da tolerância nacional com a informalidade é que a empresa sonegadora ganha competitividade e reduz o mercado daquela que trabalha dentro da legalidade, gerando um círculo vicioso. Além disso, a informalidade exige a corrupção de agentes públicos, que destrói a capacidade do Estado de planejar e agir. Na Seção 6.4 o tema da informalidade, pela sua importância, é discutido com mais detalhes.

A quantificação de impactos sociais ainda não possui ferramenta estabelecida. Existe um processo em andamento de inclusão da metodologia dentro do âmbito da análise do ciclo de vida. Mas, de uma forma geral, a magnitude do impacto social, positivo ou negativo, depende das práticas de responsabilidade social das empresas, registradas nos

---

3 Exemplos clássicos lucrativos são a extração ilegal de madeira nativa da Amazônia e a ausência de sistemas de tratamento de emissões.

relatórios de responsabilidade socioambiental. Esses documentos ajudam a identificar empresas que possuem práticas de responsabilidade social corporativa avançadas, adotando políticas mais generosas com empregados, estabelecendo parcerias com clientes e a sociedade em geral. É certo também que, algumas vezes, os investimentos na divulgação dessas ações ultrapassam os investimentos realizados na sua execução. Mas, por outro lado, empresas que nada divulgam, provavelmente, nada realizam em relação a esse tema.

Adicionalmente, existem informações prestadas por órgãos governamentais – desde situação fiscal até licenciamento ambiental, utilização de trabalho escravo etc. – que permitem identificar empresas que claramente não estão cumprindo com a legislação fiscal e ambiental básica. Combinando essas informações o CBCS desenvolveu uma ferramenta web, adequada à realidade brasileira, a qual permite identificar os fornecedores que, evidentemente, operam em flagrante informalidade. Essa ferramenta, que está descrita com mais detalhes na Seção 6.4, é única no mundo e está ao alcance de qualquer pessoa, gratuitamente. Uma limitação atual é que muitos estados ainda não disponibilizam informações on-line sobre licenciamento ambiental.

4.6   Seleção de produtos: os equívocos mais comuns

Atualmente, existe um grande número de recomendações para selecionar materiais de construção com base em critérios ambientais ou, mais diretamente, listas de recomendações, como: use material reciclado, prefira o produto A, não use produto A porque tem elevada energia incorporada, o B porque gera CO_2, e assim por diante. De uma forma geral, a seleção é feita com um critério apenas (como a reciclagem), e todos os demais são ignorados. A recomendação é também genérica – vale em todas as situações, localizações. Essas listas geram uma grande sensação de segurança – estou fazendo a coisa certa – e, ao mesmo tempo, frustração – estou sendo forçado utilizar um material fora da lista. Elas estão incorporadas em sistemas de certificação de *green building*, livros, home-pages, blogs, matérias de revistas técnicas ou públicas etc. Embora, em muitas situações, possam significar ganhos ambientais, na média, é duvidoso que os avanços sejam significativos, até porque, na maioria dos casos, as soluções têm limitadas condições de serem replicadas em quantidades capazes de influenciar o impacto médio da construção. A

Tabela 4.2 resume, com exemplos, os equívocos mais comuns na seleção de produtos em projetos mais sustentáveis.

A quase totalidade das listas disponíveis se concentram em aspectos ambientais, ignorando aspectos sociais: temas como combate a informalidade ficam limitados ao uso de madeira certificada.

Um exemplo interessante das limitações deste tipo de abordagem é a preferência por produtos reciclados. Embora a reciclagem seja uma imposição da realidade, pois economiza recursos naturais não renováveis e evita a acumulação de materiais em aterros cada vez maiores, ela não pode ser considerada uma panaceia[4]. No caso de metais como o aço e o alumínio, está provado, por análises do ciclo de vida, que, na maioria dos casos, produtos que contêm resíduos têm menor impacto ambiental e, desde que processados adequadamente, não apresentam desvantagens técnicas. O caso da substituição do clínquer do cimento Portland por resíduos – como a escória de alto-forno e as cinzas volantes produzidas na calcinação do carvão mineral ou mesmo *filler* calcário, respeitados os limites técnicos – é também vantajosa do ponto de vista ambiental[13] (Figura 4.5). Mas, frequentemente, é esquecido que cimentos que contêm adições podem não apresentar bom desempenho em algumas aplicações, implicam maior velocidade de carbonatação e podem ser mais sensíveis a alguns ataques químicos. Se houver necessidade de desmoldagem rápida, particularmente em clima frio, esse material pode não ser a melhor opção.

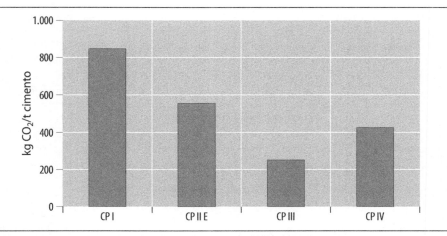

FIGURA 4.5 – Efeito da substituição do clínquer na pegada de CO_2 do cimento Portland[14].
Fonte: Carvalho, J., 2002. **Obs.**: Os dados devem ser usados apenas para comparação.

TABELA 4.2 – Erros mais comuns em estratégias de seleção de produtos para projetos mais sustentáveis

Erro	Descrição	Exemplos
Desconsideração dos Impactos sociais	Produtos aparentemente "ecoeficientes" podem ser associados a sonegação de impostos, desrespeito à legislação social e ambiental.	Um "material verde" pode ter utilizado mão de obra semiescrava em sua produção.
Foco em apenas um aspecto do problema	Um material que é o mais competitivo em um determinado impacto pode ser o menos em outro. Essa é uma estratégia comum de *green-wash* pois esconde os impactos reais do produto.	Energia incorporada. Conteúdo de resíduos. Ausência de determinado composto indesejado. Reciclabilidade. Produzido com recursos naturais.
Comparação de produtos com funções diferentes	Comparação do impacto ambiental de massa de produto (kg, tonelada). Somente podem ser comparados produtos que possuem uma mesma função (uma porta...) por um mesmo período de tempo.	MJ/kg Kg CO_2/t Essas unidades somente servem para calcular impacto da unidade funcional.
Utilização de dados fora do contexto	Emprego de dados obtidos em outros países e, até mesmo, empresas ou gerados há décadas, sem uma análise sobre sua adequação.	Emprego de dados de consumo de energia da década de 1970 na indústria cimenteira. Uso de dados europeus para analisar.
Desconsideração da durabilidade ou vida útil nas condições de uso.	Produtos com menores vidas úteis serão mais rapidamente substituídos multiplicando os impactos ambientais de produção e gerando mais resíduos. A vida útil é influenciada pelo projeto, pelas condições de uso, pelo microclima e pela biodiversidade local.	Comparação de produtos ignorando o fato de que, nas condições locais, suas vidas úteis serão muito diferentes. Pintar o teto de branco para reduzir o ganho energético esquecendo que, em climas úmidos e quentes, em curto espaço de tempo, fungos e deposição de sujeira deixarão a superfície preta.
Desconsideração do impacto do transporte	Transporte implica significativos impactos ambientais, particularmente em produtos cuja massa é elevada e que são transportados por via rodoviária.	Seleção de produtos importados ou produzidos em regiões afastadas, com base no fato de que, no país de origem, apresentam baixo impacto ambiental.
Priorização de materiais tradicionais	Seleção de materiais tradicionais sem qualquer evidência de seus reais impactos ambientais de produção, e de seu desempenho.	Tijolos cerâmicos são sempre a melhor solução, pois são utilizados há milênios.
Energia incorporada	Comparação de produtos com base na energia incorporada (J/kg) na fase de produção, ignorando diferenças entre energias renováveis ou não, bem como o impacto no consumo energético dos edifícios.	O produto A é preferível, pois possui a menor quantidade de energia incorporada.

TABELA 4.2 – Erros mais comuns em estratégias de seleção de produtos para projetos mais sustentáveis (*continuação*)

Erro	Descrição	Exemplos
Desconsideração das perdas durante a construção	Diferentes produtos, práticas de gestão em canteiro e detalhes de projeto possuem perdas maiores do que outros.	Esquecer que as perdas de cimento *in natura* em obras são significativamente maiores do que as perdas de concreto produzido em central.
Decisão baseada em declarações não verificadas e não abrangentes	Em qualquer produto, é possível achar algum aspecto em que ele é melhor que outro. Identificado a "vantagem", ela é incorporada na publicidade e, até mesmo, pode possibilitar certificação.	Por exemplo: fabricante declara que produto metálico não contém COV. Com base neste critério, é possível criar selo para qualquer produto. Produto certificado por entidade, de acordo com regras, critérios de medida e amostragem, que não são públicos e verificáveis.
Desconsideração do efeito durante o uso da construção	O impacto ambiental e social da construção se estende por todo o ciclo de vida. Em muitas situações, um aumento do impacto na fase de construção pode gerar redução dos impactos durante a fase de uso.	A colocação de uma barreira de radiação pode reduzir a demanda energética de condicionamento, mas aumenta o impacto da construção.
Esquecimento das implicações para os usuários ou operadores	Muitas soluções exigem intervenções frequentes dos usuários, que podem não estar dispostos ou capacitados a fazê-las. Ausência de práticas de treinamento dos usuários.	Instalação de sistemas de reuso de água que exigem operação e monitoramento. Tetos reflexivos ou aquecedores solares que exigem limpeza ou repintura periódica.
Não emprego do conceito de desempenho	Qualidade e desempenho adequado são pré-condições para a sustentabilidade.	Produtos que não têm desempenho ou qualidade adequados, ou apresentam altas taxas de falha, acabam sendo substituídos e multiplicam impactos.

No mercado norte-americano, onde esses resíduos são adicionados na concreteira, observa-se que a valorização de sistemas de certificação da quantidade de resíduos em concretos tem levado à formulação de concretos com teores de ligantes (cinzas volantes, escória de alto-forno, clínquer) muito acima do necessário, utilizando, muitas vezes, produtos importados da China. Essa estratégia é uma forma barata de obter "pontos" para obter o certificado, mas é também um claro desperdício de recursos não renováveis escassos, e provavelmente aumenta o impacto ambiental.

Da mesma forma ocorre com o uso de agregados produzidos pela reciclagem de resíduos de construção na produção de concretos. Essa recomendação ainda é feita, apesar de já ter sido demonstrado claramente que, na maioria das situações práticas, concretos produzidos com elevados teores de agregados graúdos reciclados demandam, pelo menos, 10 a 25% de cimento a mais[15]. Como, normalmente, os agregados estão disponíveis a curtas e médias distâncias, cerca de 90% dos impactos ambientais estão associados a produção de cimentos e aditivos, portanto a recomendação, na prática, aumenta o impacto ambiental, particularmente as contribuições aos gases do efeito estufa.

A análise do impacto ambiental expresso por massa de produto é também um erro grave, pois produtos, como edifícios e barragens, demandam materiais para cumprir uma função por um determinado tempo. Em consequência, são necessárias diferentes quantidades de diferentes materiais para cumprir a função determinada.

Também não se pode esquecer que, como o uso, a manutenção e a desmobilização da construção têm impactos ambientais. Muitas vezes, a minimização do impacto ambiental é conseguida pela incorporação de soluções de maior impacto na fase de construção, mas que diminuam manutenção, reduzam consumo de energia e água ou aumentem durabilidade.

Outro fator esquecido é a influência que a durabilidade do produto, nas condições específicas de uso, tem no seu impacto ambiental – tema que será discutido no próximo capítulo.

Assim, as listas genéricas de "materiais sutentáveis" ou "materiais verdes" estão intrinsicamente falhas, pois ignoram o contexto geral, concentram-se em aspectos particulares e, ao pretenderem ser universais, ignoram uma das regras fundamentais da sustentabilidade: pense globalmente e aja localmente. Ignoram a dimensão social da sustentabilidade. Essas listas somente podem ser utilizadas analisando-se crítica e objetivamente as implicações reais no emprego pretendido.

A análise do ciclo de vida do edifício, combinada com a seleção de fornecedores com base em critérios de sustentabilidade e formalidade é a única estratégia consistente para a seleção de materiais e fornecedores com critérios de sustentabilidade. Com os dados hoje disponíveis, a análise do ciclo de vida não é viável, por isso, o recomendável é iniciar o processo de seleção analisando os fornecedores disponíveis, por meio de ferramentas como a do CBCS: o efeito socioambiental da diminuição da informalidade não pode ser minimizado. A seguir, pode-se, então, aplicar ferramentas de decisão disponíveis, sempre verificando a consistência das informações e sua adequação à questão específica.

4.7 Exemplos de novos materiais para a construção sustentável

Observa-se, hoje, um grande esforço de desenvolvimento de novos materiais e até de melhorias de materiais existentes. Os focos principais incluem a redução dos impactos ambientais na produção ou durante a fase de uso, bem como a incorporação de novas funções a produtos existentes (materiais multifuncionais).

Na linha de redução de impacto, destaca-se a exploração de conceitos avançados como materiais com gradação funcional[16], nos quais a formulação do produto varia ponto a ponto, de acordo com as necessidades objetivas da aplicação, como no caso do fibrocimento, em que uma das primeiras patentes é brasileira.

Materiais autolimpantes também já chegaram ao mercado, seja na forma de vidros autolimpantes, seja na forma de materiais cimentícios. Quando as propriedades autolimpantes estão ligadas à presença de anatásio (um material cristalino composto de titânio) além de manter a superfície limpa, os produtos degradam a poluição aérea, potencial que começa a ser explorado como política urbana[17].

Na área de economia de energia, destaca-se o desenvolvimento de pigmentos frios, capazes de refletir parcela significativa da radiação invisível[18], os quais, no momento em que for resolvido o problema de deposição de poeira e crescimentos de fungos, têm o potencial para modificar o clima urbano, ajudando a combater as ilhas de calor[19], sem a necessidade de adoção de tintas brancas. Outro destaque é o emprego de "materiais de mudança de fase", produtos que absorvem e liberam calor em grandes quantidades ao se liquefazerem ou solidificarem (calor latente) ou dissolverem e precipitarem quando expostos a variações de temperatura. Esses produtos já estão no mercado[20].

Na área de materiais cimentícios, vem sendo feito grande esforço no sentido de otimizar-se o uso da fração reativa (ligante) do cimento[21, 22], de forma a permitir ao atendimento da demanda crescente por concretos e componentes cimentícios, sem que seja necessário aumentar as emissões de gases do efeito estufa. Novos cimentos, de menor impacto ambiental, também têm sido desenvolvidos, mas é provável que estes venham a ocupar nichos de mercado[23].

4.8   O desafio dos resíduos da construção

Como consequência da grande massa de materiais manejada pela Construção Civil, agravada pelas elevadas perdas, o setor é um grande gerador de resíduos. Somente os resíduos das atividades de construção e demolição são gerados em quantidade típica de 500 kg/hab. ano[24], valor estimado no final da década de 1990 quando o nível de atividade da construção era significativamente menor. Considerando a população urbana de cerca de 170 milhões de pessoas, estima-se uma geração de 90 milhões de toneladas anuais[4].

Uma parcela importante desses resíduos da construção é recolhida por empresas privadas, o que se converteu em um próspero e crescente ramo de negócios. Mas, segundo a Abrelpe[25], em 2010 foram recolhidos 31 milhões de toneladas, 1/3 do total, fração que, em geral, havia sido lançada irregularmente em logradouros públicos (Figura 4.6) como uma estratégia de aumentar lucros de empresas transportadoras. Essa deposição ilegal causa problemas ambientais, como o assoreamento de sistemas de drenagem urbana, e também importantes problemas sociais, pois a remoção implica elevados custos para os municípios.

A Resolução n. 307 do Conama (2002) alterada pela Resolução Conama n. 348 de 2004, estabeleceu referências importantes para a gestão desses resíduos, com responsabilidade compartilhada entre todos os integrantes da cadeia produtiva – fabricantes de materiais, geradores pequenos e grandes, além do poder público municipal, – e com o objetivo de incentivar a reciclagem. A recente política nacional de resíduos sólidos apenas complementa o quadro, reforçando a responsabilidade dos fabricantes.

A estruturação de um sistema municipal de gestão integrada dos resíduos de construção, tal como proposto na resolução, é adequada à realidade de municípios médios e grandes, onde os volumes são importantes e as distâncias de transporte são maiores. Na maioria dos municípios brasileiros, que ainda não dispõe de aterro sanitário, ela certamente não é uma prioridade e sistemas mais simplificados resolveriam o problema adequadamente. Um dos grandes desafios atuais é colocar a resolução em operação, particularmente nas grandes cidades. Até o momento, a quase totalidade das prefeituras falhou em criar condições para que essa resolução tenha efeito, o que significa um elevado custo para a sociedade. É impressionante que mesmo cidades como São Paulo ainda não tenham conseguido consolidar seus sistemas.

FIGURA 4.6 – Deposição ilegal de resíduo de construção na malha urbana de São Paulo: a remoção desses materiais depositados ilegalmente onera os municípios. Na maioria das vezes, a deposição irregular é feita pelo transportador contratado pelo gerador.

A segregação dos resíduos em diferentes fases permite controlar os impactos associados e reduz o custo da gestão, pois viabiliza a comercialização de frações, como plásticos, metais e papel, e reduz os riscos de saúde associados à reciclagem. Um estudo pioneiro, liderado pelo Sinduscon-SP, comprovou que a segregação na origem é economicamente viável e traz satisfação à equipe da obra[26]. Alternativamente, a norma prevê que a segregação possa ser realizada por empresas especializadas, o que é certamente a única alternativa viável nas pequenas reformas, provavelmente responsáveis pela metade dos resíduos gerados. Embora esse tipo de gestão já tenha sido incorporado por muitas das grandes empresas brasileiras do setor de edificações (Figura 4.7) e até por empresas de demolição que têm investido em novos equipamentos, ele ainda não é uma realidade em enormes obras públicas, nem tampouco na maioria das empresas privadas.

FIGURA 4.7 – Dispositivos de estoque de resíduos segregados em obra. Dados de estudo liderado pelo Sinduscon-SP mostram que essa prática é também econômica, reduzindo os custos da obra, na maioria dos casos.
Fonte: Imagens cedidas pela Cyrela.

Embora boa parte dos resíduos da construção e demolição não sejam considerados perigosos[27], algumas frações como solventes, óleos, além de outros materiais, inclusive os que contêm amianto (Resolução Conama 248) são classificadas como tal e exigem atenção. Outras fases, como o gesso, atrapalham no processo de reciclagem dos produtos como agregados ou até dificultam a deposição em aterros[28,29]. Além disso, alguns edifícios, particularmente aqueles que abrigam processos industriais de alto impacto, podem apresentar elevados níveis de contaminação. Em consequência, na Europa, a obrigatoriedade do controle ambiental dos agregados reciclados está sendo progressivamente implementada[30,31].

Uma deficiência conhecida na Resolução 307 do Conama é a classificação de **todas** as madeiras como classe B, de fácil reciclagem. Essa classificação tornou possível o desenvolvimento de um mercado de uso de resíduos de construção, usado como combustível, sem maiores preocupações com os impactos ambientais da combustão: as madeiras tratadas com adesivos e preservativos precisam ter queima controlada. É preocupante, particularmente, a presença de madeiras tratadas com CCA (arseniato de cobre cromatado), que, ao serem queimadas, liberam arsênico e geram cinzas contaminadas[32,33]. Essa presença é ainda pequena, mas como o aumento do consumo de madeira é ambientalmente desejável, o problema poderá ficar mais grave se não for tratado adequadamente. No momento, um conjunto de entidades reunidas na Câmara Ambiental da Construção do Estado de São Paulo está trabalhando na elaboração de um manual de gestão de madeira.

Estão também disponíveis normas técnicas que criam condições para o estabelecimento no mercado de agregados produzidos com a fração mineral desses resíduos (excetuado o gesso) em pavimentos e até na fabricação de produtos de concreto. No Brasil, a taxa de reciclagem ainda é muito baixa, embora esteja crescendo com a entrada de empresas privadas em um atividade que se iniciou operada por órgãos públicos municipais, e que, apesar do sucesso em alguns locais, com destaque para Belo Horizonte, coleciona fracassos na maioria dos municípios, inclusive São Paulo. As empresas privadas formaram recentemente a Associação Brasileira para a Reciclagem dos Resíduos da Construção (Abrecon) o que deve acelerar ainda mais o processo. O principal mercado é o de obras geotécnicas, com destaque para a base de pavimentação, embora mesmo nessa aplicação ainda se enfrentem consideráveis resistências no mercado. A aplicação desses materiais a produtos cimentícios, concretos e argamassas é dificultada pela predominância da oferta de resíduos que contêm materiais porosos, como argamassas, cerâmica vermelha e branca etc., os quais possuem baixa resistência mecânica, demandando um maior consumo de cimento[27] – o que é econômica e ambientalmente insustentável. O desafio é o desenvolvimento de técnicas de processamento que permitam separar diferentes frações, bem como desenvolver novas aplicações[15].

FIGURA 4.8 – Equipamento de processamento simplificado, construído pelo IPT a partir de um desenvolvimento da Poli-USP, do Cetem e da Ufal.
Fonte: Fotos de Sergio Angulo.

Um dos avanços recentes no País é o desenvolvimento de um sistema simplificado de processamento, que dispensa britador, e que consegue reciclar cerca de 50% dos resíduos minerais que já chegam em tamanho de partículas próprios para a produção de pavimentos. A solução alia baixo investimento, operação simplificada e de baixo custo, além de mobilidade, sendo uma situação ideal para pequenos municípios (e até consórcios) e empresas. Esse desenvolvimento é resultado de projeto Finep (dentro do programa Habitare) e envolveu a Poli-USP, o Cetem e a Ufal. O IPT já desenvolveu e mandou construir um protótipo e o Programa das Nações Unidas para o Desenvolvimento (UNDP), deverá adotá-lo na reconstrução do Haiti.

Oportunidades para a inovação

Para tornar a construção sustentável, com a redução do consumo de matérias-primas, da emissão de gases de efeito estufa e da energia de produção e de utilização, torna-se necessária a implementação de inovações radicais, tanto no processo como nos materiais e componentes. Deve-se deixar a prática de promover melhorias gradativas, muito importantes, mas insuficientes para o objetivo de alterar os índices de consumo da nossa indústria num prazo exíguo (10 a 20 anos). Por isso, é necessário investimento de monta tanto para o desenvolvimento de novos conhecimentos, bem como para a transformação desse conhecimento em inovações que devem ser introduzidas no mercado.

Os principais fornecedores de materiais e componentes em nível internacional já incorporaram essa preocupação e estão preparando novidades para os próximos anos. Essas empresas estão preparando novas propostas com conceitos diferentes dos atuais e até quebrando paradigmas. No Brasil, mesmo as empresas que atuam internacionalmente não têm tradição em P&D e tampouco o hábito de contratar pesquisas nas universidades. Talvez a modificação dessa realidade seja o principal desafio.

As oportunidades envolvem desde o desenvolvimento de novos sistemas construtivos capazes de garantir conforto térmico e acústico em diferentes regiões climáticas, com um mínimo de energia (o que hoje não acontece), até a aplicação de metodologias de reciclagem a diferentes fases dos resíduos da construção, como o gesso, a madeira — inclusive contaminada — e agregados, capazes de gerar produtos competitivos em grande escala, e o emprego de métodos de gestão de resíduos adequados a pequenos municípios.

Materiais, componentes e sistemas para eficiência energética apresentam muitas oportunidades, inclusive sistemas de telhados reflexivos autolimpantes, argamassas isolantes ou com elevada capacidade térmica, sistemas de ventilação mecânica noturna, que permitam conforto térmico sem introduzir ruído urbano, materiais cimentícios ecoeficientes etc.

Um desafio importante é o de reduzir a massa de material sem perder a capacidade térmica e de isolamento acústico.

Tecnologias que permitam a utilização da madeira plantada em grande escala, gerando estoques de carbono, também são importantes. Essa aplicação, em muitas regiões onde os cupins estão presentes, irá depender da existência de biocidas de madeira de baixa toxicidade.

Sistemas construtivos que permitam a desmontagem ou que sejam integralmente recicláveis certamente têm um enorme mercado potencial em um futuro mais sustentável.

Referências bibliográficas

1. NATIONAL RESEARCH COUNCIL. *Materials count: the case for material flows analysis*. Washington D.C.: National Academies Press, 2004.

2. MATTHEWS, E. ET AL. *The weight of nations:* material outflows from industrial economies. Washington DC: World Resources Institute, 2000. Disponível em: <http://archive.wri.org/publication_detail.cfm?pubid=3023>.

3. GARDNER, G. *Mind over matter*: recasting the role of materials in our lives. Washington D.C.: Worldwatch Institute, 1998.

4. JOHN, V. M. *Reciclagem de resíduos na construção civil*: contribuição à metodologia de pesquisa e desenvolvimento. Tese de livre docência, EP.USP, 2000.

5. SNIC. *Relatório anual 2009*. v. 49 Sindicato Nacional da Indústria do Cimento: Rio de Janeiro, 2010. Disponível em: <http://www.snic.org.br/pdf/relat2009-10web.pdf>

6. TAYLOR, M.; TAM, C.; GIELEN, D. *Energy efficiency and CO_2 emissions from the global cement industry*. 2006. Disponível em: <http://www.iea.org/work/2006/cement/taylor_background.pdf>.

7. MCT. *Inventário brasileiro das emissões e remoções antrópicas de gases de efeito estufa*. 2009. Disponível em: <http://www.mct.gov.br/upd_blob/0207/207624.pdf>.

8. Togerö, Å. *Leaching of hazardous substances from concrete constituents and painted wood panels.* 2004. Disponível em: <https://document.chalmers.se/workspaces/chalmers/bygg-och-miljoteknik/cpl/byggnadsteknologi/bm/phd-thesis-ase-togero>.

9. Uemoto, K. L.; Agopyan, V. Compostos orgânicos voláteis de tintas imobiliárias. *XI Encontro Nacional de Tecnologia do Ambiente Construído: A Construção do Futuro*, 2006.

10. Uhde, E.; Salthammer, T. Impact of reaction products from building materials and furnishings on indoor air quality: a review of recent advances in indoor chemistry. *Atmospheric Environment*, v. 41, p. 3111-3128, 2007.

11. Pade, C.; Guimaraes, M. The CO_2 uptake of concrete in a 100 year perspective. *Cement and Concrete Research*, v. 37, p. 1348-1356, 2007.

12. Yoon, I. S; Çopuroglu, O; Park, K-B. Effect of global climatic change on carbonation progress of concrete. Atmospheric Environment, v. 41, p. 7274-7285, 2007. ScienceDirect Full Text PDF. Disponível em: <http://www.sciencedirect.com/science?_ob=MImg&_imagekey=B6VH3-4NT84X4-2-1X&_cdi=6055&_user=10&_pii=S135223100700461X&_origin=gateway&_coverDate=11%2F30%2F2007&_sk=999589965&view=c&wchp=dGLbVlb-zSkzS&md5=fb49cab9108d25f5ac9439315ed2a8b8&ie=/sdarticle.pdf>.

13. Carvalho, J. O.; Kihara, Y.; Visedo, C. M. G. *Emissões de gases de efeito estufa nos processos industriais*: produtos minerais. Parte I - Produção de cimento. v. 42 Rio de Janeiro/São Paulo: SNIC, ABCP, MCT, 2010.

14. Carvalho, J. A*nálise de ciclo de vida ambiental aplicada à construção civil – estudo de caso*: comparação entre cimentos Portland com adição de resíduos. Dissertação de Mestrado, EP-USP, 2002.

15. Angulo, S. C.; Carrijo, P. M.; Figueiredo, A. D.; Chaves, A. P.; John, V.M. On the classification of mixed construction and demolition waste aggregate by porosity and its impact on the mechanical performance of concrete. *Materials and Structures/Materiaux et Constructions.* v. 43, p. 519-528, 2010.

16. Dias, C. M. R.; Savastano Jr., H.; John, V. M. The FGM concept in the development of fiber cement components. *AIP Conference Proceedings,* v. 973, p. 525-531, 2008.

17. Maranhão, F. L. Método para redução de mancha nas vedações externas de edifícios. 2009. Disponível em: <http://www.teses.usp.br/teses/disponiveis/3/3146/tde-12082010-170254/es.php>.

18. Uemoto, K. L.; Sato, N. M. N.; John, V. M. Estimating thermal performance of cool colored paints. *Energy and Buildings*, v. 42, p. 17-22, 2010.

19. Santamouris, M. et al. On the impact of urban climate on the energy consumption of buildings. *Solar Energy*, v. 70, p. 201-216, 2001.

20. Khudhair, A. M.; Farid, M. M. A review on energy conservation in building applications with thermal storage by latent heat using phase change materials. *Energy Conversion and Management*, v. 45, p. 263-275, 2004.

21. Damineli, B. L.; Kemeid, F. M.; Aguiar, P. S.; John, V. M. Measuring the eco-efficiency of cement use. *Cement and Concrete Composites*, v. 32, p. 555-562, 2010.

22. Lagerblad, B.; Vogt, C. Ultrafine particles to save cement and improve concrete properties. *CBI Rapporter*, p. 1-40, 2004. Disponível em: <http://www.scopus.com/inward/record.url?eid=2-s2.0-33746218725&partnerID=40&md5=a35a8c24f25da23c43c9b244dacd6d8c>.

23. Müller, N.; Harnisch, J. *A blueprint for a climate friendly cement industry*. 2008. Disponível em: <http://assets.panda.org/downloads/english_report_lr_pdf.pdf>.

24. Pinto, T. D. P. Metodologia para a gestão diferenciada de resíduos sólidos da construção urbana. 1999. Disponível em: <http://www.reciclagem.pcc.usp.br/ftp/tese_tarcisio.pdf>.

25. Abrelpe. *Panorama Nacional dos Resíduos Sólidos no Brasil 2010*. v. 202. São Paulo: Associação Brasileira de Empresas de Limpeza Pública e Resíduos Especiais, 2011. Disponível em: <http://www.abrelpe.org.br/downloads/Panorama2010.pdf>.

26. Sinduscon-SP. *Gestão ambiental de resíduos da construção civil – a experiência do Sinduscon-SP*. São Paulo: Sinduscon-SP, 2005.

27. Angulo, S. C.; Ulsen, C.; John, V. M.; Kahn, H.; Cincotto, M.A. Chemical-mineralogical characterization of C&D waste recycled aggregates from São Paulo, Brazil. *Waste Management*, v. 29, p. 721-730, 2009.

28. Montero, A. et al. Gypsum and organic matter distribution in a mixed construction and demolition waste sorting process and their possible removal from outputs. *Journal of Hazardous Materials*, v. 175, p. 747-753, 2010.

29. Townsend, T.; Tolaymat, T.; Leo, K.; Jambeck, J. Heavy metals in recovered fines from construction and demolition debris recycling facilities in Florida. *Science of The Total Environment*, v. 332, p. 1-11, 2004.

30. Susset, B.; Grathwohl, P. Leaching standards for mineral recycling materials – A harmonized regulatory concept for the upcoming German Recycling Decree. *Waste Management*, v. 31, p. 201-214, 2011.

31. Wahlström, M.; Laine-Ylijoki, J.; Määttänen, A.; Luotojärvi, T.; Kivekäs, L. Environmental quality assurance system for use of crushed mineral demolition wastes in road constructions. *Waste Management*, v. 20, p. 225-232, 2000.

32. Krook, J.; Mårtensson, A.; Eklund, M.; Libiseller, C. Swedish recovered wood waste: Linking regulation and contamination. *Waste Management*, v. 28, p. 638-648, 2008.

33. Wasson, S. J. et al. Emissions of chromium, copper, arsenic, and PCDDs/Fs from open burning of CCA-treated wood. *Environmental Science and Technology*, v. 39, p. 8865-8876, 2005.

5 Durabilidade e construção sustentável

5.1 Introdução

Não existe sustentabilidade sem durabilidade[1]. A durabilidade dos produtos influencia decisivamente o período de tempo em que a construção vai prestar serviços e a quantidade de recursos na manutenção. Em consequência, define o impacto ambiental, mas também o social e o econômico. A norma de desempenho *NBR* 15.575 (Edifícios habitacionais de até cinco pavimentos – Desempenho, de maio de 2008) estabeleceu vida útil mínima de projeto para diferentes partes do edifício bastante modesta e facilmente atingida pela maioria das soluções estabelecidas, seguindo uma tendência de diversos países, como a Austrália[2]. Essa decisão é hoje objeto de enormes críticas de profissionais do setor.

A discussão sobre vida útil e durabilidade também tem estado surpreendentemente esquecida pelos teóricos do *green building*. O único sistema de certificação que adota a estratégia de ampliação da vida útil como parte da sustentabilidade é o sistema francês, HQE, comercializado no Brasil com a marca Aqua.

Este capítulo discutirá a importância da durabilidade para a sustentabilidade. Algumas ferramentas e conceitos fundamentais também serão apresentados.

5.2 A inevitável degradação dos materiais

Na natureza, nada é eterno. Tudo o que existe está em permanente transformação. Algumas dessas transformações, inevitavelmente, irão degradar a capacidade de um material ou produto de cumprir a função que lhe cabe na construção. Os processos de degradação demandam atividades de manutenção e, ao final da vida útil, a substituição do produto. A degradação dos materiais de construção é inevitável. Mas a velocidade com que eles degradam depende de inúmeros fatores, muitos dos quais podem ser controlados[3].

De uma forma geral a velocidade de degradação de um dado material depende de sua interação com o ambiente. Fatores como temperatura, carregamento, esforços de abrasão e contato com produtos químicos – decorrentes do uso ou mesmo naturalmente presentes na atmosfera, como o CO_2, a água, contaminantes, chuva, radiação solar – e a ação de seres vivos – como fungos, bactérias, insetos como os cupins, vegetais e até mesmo roedores – podem também degradar estruturas.

Contrariando a intuição de muitos, não se pode falar de materiais duráveis: a vida útil de cada material irá depender das condições de exposição. Um componente de gesso, exposto à ação de chuvas, degrada rapidamente. O mesmo componente, exposto em um telhado do deserto de Atacama, será muito durável. A madeira que, exposta à umidade, oxigênio e temperatura acima 15 °C, sofre biodeterioração, exposta a ambientes de baixa temperatura ou imersa em água doce, pode durar até por milênios.

Nos últimos 40 anos houve um notável aumento do conhecimento científico relacionado aos processos de degradação dos materiais e componentes, bem como no que diz respeito à estimativa da vida útil de produtos em diferentes situações. Um grupo internacional de pesquisadores vinculados ao CIB e ao Rilem – desenvolveram uma metodologia abrangente que permite estimar a vida útil de materiais e componentes tradicionais ou inovadores, e incorporar essas informações no planejamento de atividades de manutenção e, até mesmo, fazer a previsão de seu custo ainda na fase de projeto. Essa metodologia está consolidada na série de normas ISO 15686 – *Buildings and constructed assets – Service life*.

Enormes avanços foram também observados no entendimento científico e na modelagem de degradação dos principais materiais. A degradação do concreto armado, por exemplo, é hoje perfeitamente compreendida e é possível, atualmente, no nível de projeto, estimar a vida útil da estrutura com razoável precisão[4]. Situação similar existe para os metais, particularmente o aço e o zinco, revestimentos em rocha, para os quais modelos matemáticos correlacionam a velocidade de corrosão com parâmetros ambientais, como temperatura, umidade, chuva e presença de poluição[5]. Esses estudos também permitiram estimar o custo da poluição atmosférica em termos de degradação de materiais de construção.

No entanto, para muitos materiais, como polímeros, madeira, argamassas de revestimento, materiais compostos – como alvenaria com cerâmica – etc., os modelos que permitem estimar a vida útil a partir de parâmetros mensuráveis ainda não estão disponíveis, embora a velocidade da pesquisa na área seja impressionante. No entanto, é certo que, mesmo assim, na maioria das vezes, são conhecidos os principais fatores que causam a degradação, bem como os mecanismos de falha envolvidos. Por exemplo, o crescimento de fungos em superfícies pintadas depende de inúmeros fatores ambientais, e somente agora começam a ser modelados, porém os fatores que levam ao crescimento desses microrganismos e seus efeitos nos principais materiais são conhecidos. Técnicas para controlar a contaminação por microrganismos são também dominadas, envolvendo o uso indesejável de biocidas e, até mesmo, simples medidas de proteção dos produtos contra umidade, por meio de um hidrofugante ou de um prosaico beiral (Figura 5.1).

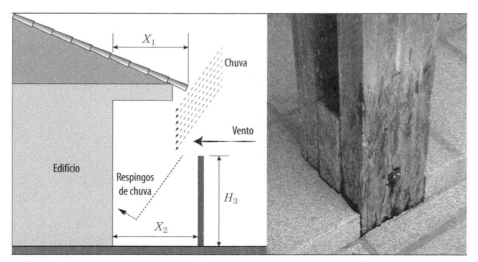

FIGURA 5.1 – A esquerda, exemplo de recomendações de detalhamento de edifício com envelope em madeira para proteção da parede contra a umidade, que favorece a biodeterioração[6]. A direita, as consequências da ausência dessa proteção em pilar de madeira.
Fonte: Foto de Vanderley John.

Assim, com o conhecimento hoje disponível e acessível, é certamente possível tomar medidas para aumentar a vida útil das construções, seja selecionando materiais mais resistentes aos fatores de degradação presentes no projeto em análise, ou tomando **medidas de projeto** que protejam os materiais dos fatores de degradação mais importantes.

A vida útil de algumas partes da construção, que são facilmente substituíveis em atividades de manutenção, pode ser prevista e planejada. Esse é o caso de pinturas, lâmpadas e até esquadrias e fachadas. Outras partes, como as fundações e as peças estruturais, são de difícil substituição: a vida útil desses materiais determinará a vida útil máxima da construção. O conhecimento dos mecanismos e da velocidade de degradação permite um planejamento da vida útil, a partir do projeto.

Além da degradação física, a obsolescência, um fenômeno resultante de mudanças tecnológicas, sociais e urbanas ou até de estratégia de marketing, frequentemente, determina a vida útil das construções e de outros produtos: os usuários decretam o fim da vida útil sem que o produto esteja fisicamente degradado (Figura 5.2). Quanto maior for a vida útil de projeto, maior será o risco de obsolescência. Essa obsolescência poderá ser parcialmente superada por estratégias de projeto específicas, como *design* adaptável ou flexível[7] e projeto para a desconstrução ou desmontagem[8], conceitos que têm sido propostos para edifícios, mas que podem ser estendidos a outras construções.

FIGURA 5.2 – Exemplo local de obsolecência: prédio implodido em Joanesburgo – África do Sul.

5.3 Benefícios potenciais do aumento da vida útil

5.3.1 Ambientais

De Simone e Poppof[9], no livro que introduz o conceito de ecoeficiência reconhecem explicitamente a importância desse conceito na sociedade moderna. Quando um produto, seja por degradação física cu por obsolescência funcional ou estética, chega ao fim de sua vida útil, transforma-se em resíduo, e, quase na totalidade dos casos, precisa ser reposto, renovando os impactos ambientais associados a sua produção e a seu transporte. Um aumento da vida útil implica uma redução de velocidade do fluxo de materiais. Em consequência, a demanda por matérias-primas e a geração de resíduos e todos os impactos associados ao processamento e ao transporte são reduzidos. Considerando o grande consumo de materiais de construção, um aumento da vida útil da estrutura construída traz uma redução importante na geração de resíduos e no consumo de materiais.

Apesar dos benefícios potenciais, nem sempre um aumento da vida útil implica a redução do impacto ambiental global. Os benefícios reais precisam ser estimados por análises do ciclo de vida.

5.3.2 Econômicos

A vida útil de qualquer produto afeta sua atratividade econômica, pois produtos são usados para prestar serviços. Um aumento da vida útil, mantido o seu custo de produção, certamente trará benefícios econômicos, pois o custo por ano de serviço prestado cairá. O benefício econômico da durabilidade é facilmente entendido: qualquer produto, inclusive a construção, presta um serviço. A durabilidade das partes substituíveis afeta os custos de manutenção, que, via de regra, são ignorados na fase de projeto. No entanto, esses custos afetam a lucratividade do empreendimento imobiliário, a renda disponível das famílias e o orçamento do Estado. Não se trata, certamente, de um problema de pouca relevância.

A solução mais econômica para construir não é a mais barata, mas a que a apresenta o menor custo global[10]. Tampouco a solução mais econômica é aquela que apresenta a maior vida útil de projeto. Do ponto de vista econômico a solução ótima precisa ser calculada utilizando-se o conceito de custo global. Este, por sua vez, somente pode ser calculado se houver conhecimento da vida útil das partes.

Na prática, muitas vezes, é possível aumentar significativamente a durabilidade sem que seja necessário um aumento significativo de custo. No caso do concreto armado, um pequeno aumento na espessura que recobre as armaduras de aço pode aumentar uma ordem de grandeza a vida útil da estrutura, pois ela pode ser definida pelo período de tempo em que o concreto protege as armaduras contra a corrosão[11].

O planejamento da vida útil da construção e suas partes é, certamente, um tema relevante para a sustentabilidade econômica. Quando se trata da infraestrutura a abordagem de custo global é crucial para as finanças públicas e a competitividade do País .

5.3.3 Sociais

A vida útil das construções tem um inequívoco significado social. Os clientes da construção – sejam pessoas físicas, empresas ou órgãos estatais – não têm condições técnicas de estimar a vida útil do bem mais caro que adquirem.

Para soluções construtivas tradicionais existe certa expectativa validada pela experiência passada. No entanto, frequentemente, pequenas e invisíveis alterações na constituição de materiais ou em detalhes de projeto podem limitar drasticamente a vida útil do todo ou das partes. Já quando se trata de soluções inovadoras a incerteza na vida útil é elevada, o que incentiva os clientes a fugir dos riscos, impedindo a introdução de inovações, que, eventualmente, podem trazer enormes benefícios econômicos e ambientais. É inegável que vidas úteis menores que as esperadas trazem significativos prejuízos aos usuários, tanto na forma de custos elevados e inesperados de manutenção, como na forma de desvalorização do imóvel ou até de sua perda, muitas vezes, destruindo a poupança de toda uma vida.

Vidas úteis estabelecidas também são importantes no mercado de hipotecas, porta de entrada para a maioria da população adquirir sua residência. Os custos de manutenção influenciam diretamente na capacidade das famílias para arcar com as prestações. Indefinições na vida útil significam maiores riscos e, portanto, maiores taxas de juros.

É, portanto, desejável que sejam estabelecidas vidas úteis mínimas para as diferentes partes de uma construção, como foi estabelecido na norma *NBR* 15.575.

Durabilidade e construção sustentável

5.4 Avaliação de impactos ambientais e o planejamento da vida útil

Por sua vez, a análise do ciclo de vida – única ferramenta disponível para quantificar impactos ambientais – não pode ser conduzida de maneira precisa sem que as vidas úteis sejam adequadamente estimadas. Esse fato, talvez, não seja tão relevante para bens de consumo, cuja vida útil é curta, mas na construção, em que as vidas úteis de projeto passam de 100 anos, não são um detalhe negligenciável.

Até o momento, os poucos profissionais envolvidos com projetos de ACV na construção não parecem priorizar o tema: a quase totalidade dos artigos publicados, que envolvem a aplicação da ferramenta na área de construção, não inclui qualquer discussão consistente relativa à estimativa da vida útil dos componentes e a como esse fator influencia o resultado final.

Assim, o papel crucial de detalhes de projeto, práticas de construção, qualidade dos materiais empregados, padrões de manutenção e operação, condições ambientais e esforços de uso na definição da expectativa de vida útil de cada projeto raramente são considerados em projetos voltados para a construção sustentável. Perde-se dessa forma uma estratégia eficiente de mitigação dos impactos ambientais.

A quase totalidade dos sistemas de certificações de *green building* e, mesmo, os manuais de *green building* disponíveis no mundo não chegam a mencionar medidas para aumento da durabilidade ou planejamento da vida útil, ou o fazem sem qualquer contextualização ou profundidade [12]. Na prática, o sistema francês, Inies, de declarações ambientais de produto é, provavelmente, a única ferramenta de mercado que inclui estimativas de vida útil no cálculo dos impactos ambientais dos produtos de construção. Uma razão possível para que os demais sistemas não as incorporem é a percepção que as ferramentas existentes para quantificar a vida útil são difíceis de usar em atividades de projeto corriqueiras. Certamente, melhorias nas ferramentas existentes tornarão essas atividades mais fáceis. Mas, certamente, o principal obstáculo é a ausência de uma difusão ampla do conhecimento já acumulado em planejamento da vida útil de projetos.

Do ponto de vista experimental, a vida útil de materiais e componentes em diferentes situações de uso pode ser determinada por uma combinação de ensaios acelerados, exposição de amostras a agentes ambientais externos (o Brasil hoje possui uma rede de quatro estações de envelhecimento natural, abrigadas na USP (São Paulo e Pirassununga), FURG (Rio Grande), UFPA (Belém) e por estudo da degradação em estoques de edifícios[3].

Atualmente, existe um formidável volume de informações sobre os mecanismos[13] de degradação, formas de prevenção e influência de fatores de degradação para a maioria dos materiais tradicionais, com grande destaque para séries importantes de conferências como a Durability of Building Materials and Componentes (promovida pelo CIB, Rilem, ASTM, NIST e NRC), além de grande livros e guias publicados por diferentes entidades, como a rede Rehabilitar do CYTED e, na área de concreto, a Rilem e o CIB.

5.5   A durabilidade de soluções inovadoras

É geralmente aceito que a disseminação de tecnologias mais ecoeficientes, atualmente disponíveis, pode propiciar uma redução significativa nos impactos ambientais da construção. No entanto, a redução dos impactos por um fator de cinco vezes e a universalização do acesso a um ambiente construído adequado vai requerer reinventar a construção pela introdução de inovações, incrementais ou radicais. A aceleração do processo de inovação na construção está apenas começando, mas já é bem visível, com a introdução de produtos multifuncionais, como pinturas autolimpantes, sistemas capazes de reagir a estímulos, sensores embutidos em componentes, entre outros.

A ecoeficiência dessas soluções somente poderá ser demonstrada quando se estabelecer, em cada situação, a sua vida útil esperada. Infelizmente, uma combinação de oportunidade de retornos financeiros rápidos, ignorância técnica conveniente e entusiasmo ambientalista tem levado ideias prematuramente ao mercado.

Um exemplo dessa introdução prematura de tecnologias no mercado é a ideia dos telhados reflexivos. Como em residências térreas cerca de 70% do calor vem do teto, um aumento da capacidade de reflexão de radiação dos telhados é uma forma eficiente de cortar os ganhos de calor pela radiação do sol[14] e, até mesmo, de reduzir ilhas de calor urbanas[15]. Cores claras são eficientes, mas nem sempre desejáveis, do ponto de vista arquitetônico de ofuscamento da vizinhança e até de segurança em voo. Essa oportunidade de mercado levou ao desenvolvimento de uma nova classe de tintas frias[14], e hoje existem no mercado internacional pinturas, de todas as cores, capazes de refletir parcelas significativas da radiação. No entanto, a simples deposição de uma fina camada de poeira ou de microrganismos, irrelavante em pinturas tradicionais, pode reduzir significativamente a reflectância em um curto período de tempo[16,17]. Embora existam, no mercado internacional e mesmo no nacional, produtos que podem, eventualmente, apresentar durabilidade elevada, em telhados instalados no País, a experiência demonstra que o processo de degradação no nosso clima é bastante mais elevado que nas condições europeias ou norte-americanas. Assim a campanha de pintura de tetos de branco, além especificar desnecessariamente uma cor e não levar em conta os tetos "verdes", está fadada ao fracasso ambiental: é provável que resulte apenas em um grande desperdício de recursos ambientais e em benefícios econômicos e de "imagem" para alguns poucos.

FIGURA 5.3 – Tetos em telhas de cerâmica vermelha. Apesar de as construções terem a mesma idade, um dos tetos está completamente preto pela colonização por microrganismos. A cerâmica é muito mais resistente ao crescimento de fungos que tintas orgânicas.
Fonte: Foto de Carina Barros.

Sistemas de pinturas ou superfícies autolimpantes, tanto associados ao efeito lótus quanto pela ação fotocatalítica de nanopartículas de anatásio – uma forma alotrópica de TiO_2 [18] – podem ser uma solução para o a manutenção do desempenho das tintas frias. Mas a sua própria vida útil é ainda objeto de investigação[19,20].

A recente decisão do Ministério de Minas e Energia, de criar incentivos às florescentes compactas que deverão, praticamente, banir as lâmapadas incandescentes do mercado brasileiro até o ano de 2016 (portarias 1007 e 1008 de 06 de janeiro de 2011), segue tendência mundial e visa economia de energia. Os estudos da IEA mostram que o crescimento forçado da demanda introduz o risco de haver falta de produtos de qualidade no mercado. A vida útil está na chave do problema, pois a viabilidade econômica e ambiental dessas lâmpadas (que contêm mercúrio) reside no fato de que elas têm vida útil muito superior às 1.000 horas da lâmpada incandescente. A quase totalidade dos dados publicados se baseia em informações dos fabricantes, em claro conflito de interesses. Esses valores de vida útil são utilizados nas análises do ciclo de vida que embasam decisões de promoção de lâmpadas compactas em nível mundial. Na maioria das análises, é presumida uma vida útil de 10.000 horas para as lâmpadas compactas e de 1.000 horas para as incandescentes. A vida útil esperada, na maioria das situações, é menor que a adotada nos estudos, e depende do intervalo de tempo de uso (tempo em que a lâmpada fica ligada). Uma lâmpada que dura 9.000 horas quando permanece ligada continuamente por 6 horas tem sua vida útil reduzida para 1.200 horas quando permanece ligada por apenas 5 minutos. Mais do que isso, a vida útil das lâmpadas depende da qualidade do produto, podendo variar de 3.000 horas até 15.000 horas, sendo que as chinesas têm vida útil estimada de 4.500 horas, as da Europa, 6.000 horas, e, as dos Estados Unidos, 8.000 horas. Não deixa de impressionar que um programa que tem elevado custo para a sociedade (além de riscos ambientais associados ao mercúrio) possa ser introduzido sem que sejam tomadas medidas para garantia da vida útil desses equipamentos.

A geração de energia em edifícios e até em rodovias é, certamente, uma tendência forte de transformação da construção. Os edifícios que geram anualmente uma quantidade de energia igual – ditos "zero-net"[21] – ou superior à consumida para a sua operação, estão se tornando objetos de política pública, pelo menos na Europa. Provavelmente, serão economicamente viáveis nos próximos 10 anos[22]. Esses edifícios combinam medidas radicais de economia de energia na operação – incluindo, por exemplo, materiais avançados, como tintas frias e materiais de mudanças de fase – com sistemas de produção de energia integrados à construção. A geração de energia irá requerer que uma parcela significativa da superfície externa do edifício seja recoberta por sistemas multifuncionais (vidros e telhas) fotovoltaicos. O projeto, construção e operação desses produtos da construção se tornarão atividades muito mais complexas. O planejamento da vida útil dessa combinação de eletrônica com materiais tradicionais irá requerer modelos e ferramentas de trabalho muito mais complexos do que os disponíveis hoje. A dificuldade a ser enfrentada para antecipar a vida útil dessas soluções em diferentes condições climáticas e operacionais pode ser medida pelo fato de que, ainda hoje, a vida útil de instalações fotovoltaicas tradicionais ainda não está bem estabelecida para todos os climas, sendo normalmente presumida uma vida útil de 25 e 30 anos para o sistema como um todo, como tem sido observado na Europa[23,24].

5.6   Comentários finais

O grau de sustentabilidade de qualquer solução não pode ser avaliado sem que seja estimada a sua vida útil nas condições de uso específicas. Da qualidade dessa informação depende a qualidade dos resultados de estudos de Análise do Ciclo de Vida (ACV) e Análise do Custo Global (ACG), duas ferramentas essenciais para a construção sustentável. No entanto, os conceitos de planejamento da vida útil apresentados na ISO 15686 ainda não são utilizados de forma sistemática nas atividades de ACV e ACG. É recomendável um esforço maior de difusão.

As exigências de sustentabilidade já vêm introduzindo, na construção, uma série de inovações. A estimativa da vida útil dessas inovações é uma necessidade premente e requer aperfeiçoamentos diversos nas metodologias existentes, inclusive para determinar rapidamente as curvas de distribuição de vida útil de materiais e soluções inteiramente novas. No caso dos sistemas "inteligentes", a massa de dados, relativos ao comportamento das construções em uso, pode ser uma fonte importante para uma melhor compreensão dos processos de degradação e da influência das condições de uso. A criação de um protocolo aberto de coleta e compartilhamento desses dados é uma opção a ser explorada e o desenvolvimento de metodologias para realizar o planejamento da vida útil, simultaneamente ao desenvolvimento de processos de inovação, é uma oportunidade a ser perseguida.

Oportunidade de inovações

Existe uma grande necessidade do desenvolvimento de mapas que apresentem a intensidade de parâmetros ambientais relevantes para a degradação de diferentes materiais, como intensidade e frequência de chuvas, radiação UV, salinidade na orla marítima, temperaturas médias e extremas, e até ao risco de ataque de madeira por cupim e fungos, capazes de orientar projetistas e fabricantes de materiais. As tendências de mudança desses parâmetros, seja por urbanização ou até em virtude das mudanças climáticas, precisam ser também incorporadas. Um modelo desses dificilmente será viabilizado como empreendimento privado, dado o altíssimo custo das informações ambientais produzidas por órgãos públicos.

A implantação da norma de desempenho dependerá da geração de uma base de dados que registre as vidas úteis típicas dos produtos mais tradicionais, em diferentes ambientes. Essa base somente pode ser formada com a cooperação de grandes proprietários de imóveis (bancos, órgãos governamentais) e de empresas de administração de imóveis. O desenvolvimento de um arranjo institucional e de uma metodologia compatível é, certamente, um desafio extremamente relevante para toda a cadeia produtiva. Certamente, essa etapa deverá ser complementada pela realização de estudos sistemáticos da vida útil de materiais e componentes, especialmente de tecnologias relativamente novas, como as lâmpadas fluorescentes compactas.

Outra necessidade é o desenvolvimento de sistemas construtivos, que permitam a desmontagem e reutilização dos produtos, modelo que transforma o fim da vida útil em uma nova oportunidade de negócio, e não em uma despesa.

Finalmente, a formação de engenheiros e arquitetos em temas relacionados a durabilidade requer também instrumentos inovadores.

Referências bibliográficas

1. LORENZ, E. We cannot have sustainability without durability. *PCI Journal*. 2008. Disponível em: <http://www.pci.org/view_file.cfm?file=JL-08-JANUARY-FEBRUARY-2.pdf>.

2. ABCB. *Durability in buildings handbook*. 2006. Disponível em: <http://www.abcb.gov.au/download.cfm?downloadfile=0F519130-2C94-11DF-AD33001143D4D594&typename=dmFile&fieldname=filename>.

3. John, V. M. *Avaliação da durabilidade de materiais, componentes e edificações*: emprego do índice de degradação. Dissertação de Mestrado, UFRGS, 1987.

4. Helene, P. *Corrosão em armaduras para concreto armado*. São Paulo: PINI, 1986.

5. Oesch, S.; Faller, M. Environmental effects on materials: the effect of the air pollutants SO_2, NO_2, NO and O_3 on the corrosion of copper, zinc and aluminium. *Corrosion Science*, v. 39, p. 1505-1530, 1997.

6. Foliente, G. C.; Leicester, R.H.; Wang, C.; Mackenzie, C.; Cole, I. Durability design for wood construction. *I Forest Products Journal*, v. 52, 2002.

7. Vakili-Ardebili, A.; Boussabaine, A. H. Ecological building design determinants. *Architectural Engineering and Design Management*, v. 6, p. 111-131, 2010.

8. Burak, R., Hall, B.; Parker, K. Designing for adaptability, disassembly, and deconstruction. *PCI Journal*, v. 55, p. 40-43, 2010.

9. DeSimone, L. D.; Popoff, F. *Eco-efficiency*: the business link to sustainable development. MIT Press, 2000.

10. Covelo Silva, M. A. *Metodologia de seleção tecnológica na produção de edificações com o emprego do conceito de custos ao longo da vida útil*. Escola Politécnica da USP, Tese (Doutorado), 1996.

11. John, V. M.; Agopyan, V.; Sjostrom, C. Durability in the built environment and sustainability in developing countries. 9th Int. *Conf. on Durability of Building Materials and Components*, 1-7 nov. 2002.

12. Haapio, A.; Viitaniemi, P. A critical review of building environmental assessment tools. *Environmental Impact Assessment Review*, v. 28, p. 469-482, 2008.

13. John, V. M.; Sato, N. M. N. Durabilidade de componentes da construção. *Construção e Meio Ambiente*, p. 21-57, 2006. Disponível em: <http://www.habitare.org.br/publicacoes_coletanea7.aspx>.

14. Uemoto, K. L.; Sato, N. M. N.; John, V. M. Estimating thermal performance of cool colored paints. *Energy and Buildings*, v. 42, p. 17-22, 2010.

15. Synnefa, A.; Dandou, A.; Santamouris, M.; Tombrou, M.; Soulakellis, N. On the use of cool materials as a heat island mitigation strategy. *J. Appl. Meteor. Climatol.*, v. 47, p. 2846-2856, 2008.

16. CHENG, M. D.; PFIFFNER, S. M.; MILLER, W. A.; BERDAHL, P. Chemical and microbial effects of atmospheric particles on the performance of steep-slope roofing materials. *Building and Environment*, v. 46, p. 999-1010, 2011.

17. PRADO, R. T. A.; FERREIRA, F. L. Measurement of albedo and analysis of its influence the surface temperature of building roof materials. *Energy and Buildings*, v. 37, p. 295-300, 2005.

18. MARANHÃO, F. L. *Método para redução de mancha nas vedações externas de edifícios*. 2009. Disponível em: <http://www.teses.usp.br/teses/disponiveis/3/3146/tde-12082010-170254/es.php>.

19. GOULD, P. Smart, clean surfaces. *Materials Today*, v. 6, p. 44-48, 2003.

20. MAURY, A.; DE BELIE, N. Estado del arte de los materiales a base de cemento que contienen TiO_2: propiedades auto-limpiantes. *Mater. construcc.*, v. 60, p. 33-50, 2010.

21. KORNEVALL, C. *Energy efficiency in buildings business realities and opportunities*. 42. Conches-Geneva :WBCSD, 2007.

22. KOLOKOTSA, D.; ROVAS, D.; KOSMATOPOULOS, E.; KALAITZAKIS, K. A roadmap towards intelligent net zero- and positive-energy buildings. *Solar Energy*. No prelo.

23. DUNLOP, E. D. Lifetime performance of crystalline silicon PV modules. *Photovoltaic Energy Conversion, 2003*. Proceedings of 3rd World Conference, v. 3, p. 2927-2930, 2003.

24. SHERWANI, A. F.; USMANI, J. A.; VARUN. Life cycle assessment of solar PV based electricity generation systems: A review. *Renewable and Sustainable Energy Reviews*, v. 14, p. 540-544, 2010.

6 Informalidade e a sustentabilidade social e empresarial

6.1 Introdução

Quando se discute a tolerância para a informalidade e os aspectos éticos no setor de Construção Civil, muitos participantes consideram isso como uma preocupação secundária, pertinente a sociedades de países desenvolvidos. No entanto, nos países em desenvolvimento, a agenda social é mais importante que nos países desenvolvidos: pobreza, carência de acesso ao ambiente construído e falta de informação conduzem a Construção Civil para a informalidade, quando não para a ilegalidade e a devastação ambiental. A maioria dos municípios convive com esse problema, que infelizmente não se restringe à população de baixa renda, e já atinge, de maneira significativa, as classes com melhor renda.

Porém, por outro ponto de vista, a sustentabilidade social pode ser encarada como uma grande oportunidade para o setor, já que ela necessita que todo o sistema de Construção Civil cresça e desenvolva novas soluções para atender à grande demanda social para novas habitações, hospitais, escolas, saneamento, estradas e outros (Tabela 6.1). Na África, por exemplo, 72% da população urbana já residem em favelas, e isso só tende a piorar, já que está previsto um crescimento populacional urbano de 294 milhões de habitantes no ano 2000, para algo em torno de 742 milhões em 2030[1]. A demanda por construções nos países em desenvolvimento é que deverá controlar o crescimento da demanda de materiais de construção e de serviços, e, com isso, aumentar a parcela da cadeia produtiva da construção nas emissões de CO_2 bem como nos demais impactos ambientais[2].

TABELA 6.1 – Demanda por infraestrutura em países com valores diferentes de PIB – Produto Interno Bruto – [1], comparando com a dos países membros da OECD (Organização para Cooperação Econômica e Desenvolvimento, com 34 países membros, incluindo apenas o Chile da América Latina).				
Nível de renda do país	População (%)	Rodovias pavimentadas (%)	Saneamento (%)	PIB per capita (US$)
Alta não OECD	0,5	n. d.	1,1	16.664
Alta OECD	14,9	18,7	2,4	27.305
Média alta	8,2	44,8	7,5	4.670
Média baixa	35,5	52,8	9,5	1.195
Baixa	40,9	71,0	25,4	408

Obs.: Todos os dados referem-se a porcentagens da população mundial, exceto os de saneamento que se referem à população urbana.

Os dados da Tabela 6.1 não são muito recentes, mas infelizmente a situação não melhorou e a carência dos países com renda menor piorou ainda mais. O Brasil, apesar de ter uma renda *per capita* mais próxima à dos países com renda alta não pertencentes à OECD, tem uma situação de carência de infraestrutura de transportes e saneamento mais próxima da dos países de renda baixa.

Mesmo que a demanda por novas construções não seja elevada nos países desenvolvidos, há uma grande necessidade de reformas e adaptações das edificações existentes para redução do consumo de água e energia, bem como para adaptá-las às novas condições climáticas, o que poderá manter o setor com atividades intensas.

A agenda social da sustentabilidade é extensa e muito relevante na Construção Civil. Nessa abordagem, a sociedade deve ser entendida de uma forma ampla, incluindo os recursos humanos da empresa, a vizinhança das obras, os fornecedores e a sociedade em geral, cada um com sua necessidade própria.

Certamente, a questão mais grave a ser enfrentada na construção é que a maioria dos recursos humanos, que constituem uma parcela elevada dos empregos brasileiros, vive na pobreza. Os baixos salários estão ligados à baixa produtividade, derivada da tecnologia padrão vigente. A situação é agravada pela informalidade, que inclui o não cumprimento de obrigações sociais da força de trabalho e a sonegação de impostos em toda a cadeia produtiva, da extração de matérias-primas, até a fabricação e comercialização de materiais, a elaboração dos projetos, chegando ao canteiro de obras e à manutenção. Outro mecanismo de informalidade inclui o desrespeito da legislação ambiental, tanto em empreendimentos quanto na fabricação de materiais: muitos não possuem, nem mesmo, a mais básica licença ambiental, condição para operação legal. É o desrespeito à legislação, por exemplo, que destrói a Floresta Amazônica.

O desrespeito aos padrões de qualidade é também uma forma de informalidade, que traz prejuízos aos concorrentes que respeitam a norma, aos usuários, que adquirem um produto com grande probabilidade de apresentar desempenho inadequado, e ao ambiente, pois produtos inadequados precisam ser reparados e substituídos, significando impacto ambiental dobrado. O Programa Brasileiro de Qualidade e Competitividade no Habitat (PBQP-H) tem ferramentas avançadas e inovadoras para combater a informalidade associada à oferta de produtos de baixa qualidade.

A informalidade cria condições de competição desigual entre empresas, corrompe agentes públicos e induz agentes privados a se tornarem corruptores; destrói a capacidade do Estado para gerir a sociedade e reduz a capacidade de investimento em infraestrutura coletiva, agravando as desigualdades sociais. Adicionalmente, o Poder Público tende a compensar a evasão fiscal com o aumento da tarifa para aqueles que não sonegam, ampliando a vantagem dos sonegadores, em um círculo vicioso. Mais do que uma questão de polícia, a informalidade faz parte da nossa cultura. A redução da informalidade é uma das principais e mais difíceis tarefas para um Brasil sustentável.

Deve-se frisar que a busca da sustentabilidade na empresa não se pode limitar a produção de algumas obras certificadas: em todas as obras, é possível e necessário fazer algo em prol da sustentabilidade. A construção sustentável irá exigir das empresas o mesmo esforço realizado para implantação de sistemas de gestão da qualidade: compromisso da direção da empresa, estabelecimento de políticas, metas progressivas e indicadores constantemente atualizados, formação de recursos humanos, evolução contínua etc. A construção sustentável também amplia o escopo tradicional de qualidade, prazo, tecnologia e custo com as preocupações sociais e ambientais.

A principal diferença com relação à experiência de implantação dos sistemas de gestão de qualidade é que ela induz à adoção de inovações tecnológicas – de ferramentas de projeto, a materiais radicalmente novos, novos sistemas construtivos, sistemas de geração de energia dentro dos edifícios, sistemas de gestão, planejamento do ciclo de vida etc. É certo que boa parte das soluções hoje vigentes deverá, no médio prazo, evoluir drasticamente ou ser substituída por outras. Mesmo tecnologias existentes há muito tempo – como aquecimento solar – ainda apresentam desafios técnicos, particularmente em edifícios de múltiplos apartamentos.

6.2 Recursos humanos

Como foi frisado anteriormente, a agenda social da sustentabilidade é extensa e a sociedade deve ser entendida de uma forma ampla, não se restringindo aos recursos humanos da empresa. No entanto, o conjunto de trabalhadores das empresas é que sofre a maior influência das ações das empresas e é um bom indicador da efetiva sustentabilidade social que a empresa pratica.

Não se pode negar que, de uma maneira geral, os trabalhadores do setor de montagem e, em boa parte, da cadeia de materiais de construção têm baixo nível de renda. Somente a etapa de obra (construção propriamente dita) representou em 2009 cerca de 7,8% (6,8 milhões) do total dos trabalhadores empregados[2] e 5,1% (2,1 milhões) dos empregos formais no País[3]. A taxa de trabalhadores assalariados, nesse setor, é a menor da economia e, em 2009, **apenas 37,4% dos trabalhadores do setor de Construção Civil contribuíam para** a previdência[2]. Ou seja, **63% da força de trabalho** é **informal**. A formalização do setor, ora em curso, é um dos grandes desafios sociais.

A informalidade não se limita ao pagamento de leis sociais e férias: trabalho em condições análogas a escravidão têm sido registrados na Construção Civil, de forma crescente, nos últimos anos. Tampouco se limita a pequenas empresas, pois a terceirização dos serviços por meio dos "gatos" permite que, mesmo algumas grandes empresas, aumen-

Informalidade e a sustentabilidade social e empresarial

tem seus lucros com o único risco de assinar um termo de ajustamento de conduta **no caso de serem flagradas**. Paradoxalmente a situação é mais grave em obras públicas, tendo sido registrados casos recentes em obras do PAC e do Minha Casa Minha Vida. Esse foi o caso das obras da usina hidrelétrica do Salto do Rio Verdinho em Goiás – obra financiada pelo BNDES[4] – e de um loteamento de habitação popular de Campinas (SP), em que 28 trabalhadores foram libertados[5]. Até o momento, a reação dos órgãos governamentais responsáveis, da sociedade civil e das lideranças setoriais tem sido insuficiente para mudar a realidade. A formalização do setor, ora em curso, é um dos grandes desafios sociais, junto com o aumento da renda dos empregados.

Apesar de o setor estar em um momento de grande crescimento, o que permitiu que os salários médios crescessem 64% entre 2004 e 2009, enquanto a massa salarial cresceu 51%, os salários médios continuaram abaixo da média nacional (R$ 1.296,10 e R$ 1.595,22, respectivamente) e muito abaixo de setores industriais (Tabela 6.2). Em 2009, a Construção Civil pagou, em média, 36% abaixo da média da indústria e 70% abaixo da indústria mecânica.

TABELA 6.2 – Remuneração média nominal dos trabalhadores de setores selecionados, em 31 de dezembro de 2009	
Subsetor	**Remuneração média (R$)**
Extrativa mineral	4.868,58
Indústria de produtos minerais não metálicos	1.197,69
Indústria metalúrgica	1.810,33
Indústria mecânica	2.197,64
Indústria do papel, papelão, editorial e gráfica	1.891,39
Indústria têxtil do vestuário e artefatos de tecidos	941,71
Indústria de produtos alimentícios, bebidas e álcool etílico	1.180,41
Construção civil	1.296,10
Com. e administração de imóveis, valores mobiliários	1.397,41
Agricultura, silvicultura, criação de animais	867,67
Média	1.595,22

Fonte: Dados obtidos a partir do Rais.

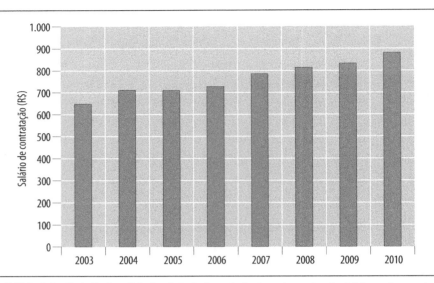

FIGURA 6.1 – Variação do salário de admissão dos trabalhadores da construção civil (em valores reais deflacionados pelo INPC a preço de março de 2010).
Fonte: CBIC.

O salário inicial é particularmente bastante baixo (Figura 6.1). Embora tenha subido em termos reais 36% entre 2003 e 2010[6],esse nível salarial dificulta a atração de talentos, o que afeta o desempenho do setor. A baixa atração de talentos pode ser medida pelo envelhecimento dos trabalhadores do setor[2,7]. Em consequência, o setor atrai e retém um contingente de operários com baixa qualificação (Figura 6.2), sendo que os migrantes representam cerca da metade dos trabalhadores[2]. Um trabalho da OIT, de 2005, constatou que 72% dos trabalhadores nunca haviam realizado cursos ou treinamentos; 80% possuíam menos de quatro anos de estudo e 20% eram analfabetos[7].

Todos esses fatores vêm melhorando nos últimos anos – a fração de trabalhadores com três anos ou menos de estudo caiu de 20% para 15% entre 2004 e 2009, mas os resultados ainda estão longe de refletir uma valorização da carreira no setor, perante a sociedade. No *ranking* de 289 carreiras, de acordo com a renda, a engenharia civil é a 8ª classificada e a arquitetura a 17ª[2]. Profissionais de engenharia e arquitetura representam menos de 2% da força de trabalho. A situação muda substancialmente quando se analisam as equipes sem nível superior, como os supervisores da construção que estão em 147º lugar, os pintores (236º) e os ajudantes (279º), sendo, estes, cerca de metade da força de trabalho[7].

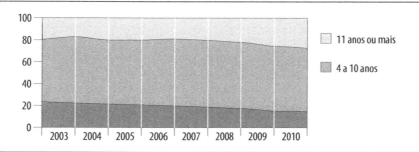

FIGURA 6.2 – Evolução da qualificação do pessoal (anos de estudo) com emprego formal na construção civil.
Fonte: CBIC.

O aumento da renda e o combate à pobreza no setor passam necessariamente por um aumento substancial da produtividade setorial, que atualmente é apenas 15% da encontrada na construção norte-americana e 20% da que se pode encontrar na Comunidade Europeia (Figura 6.3). Essa é uma tarefa que não pode ser desenvolvida por empresas individuais.

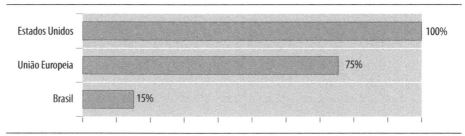

FIGURA 6.3 – Comparação da produtividade do setor da construção civil entre o Brasil e os países desenvolvidos.
Fonte: Mello, L. C. B. de B. e Amorim, S. R. L., 2009[8].

Esse aumento da produtividade depende tanto de mudanças de base tecnológica quanto da capacidade de atração de trabalhadores mais qualificados. Do ponto de vista tecnológico, será necessário um substancial aumento na utilização de equipamentos, com aumento na padronização e redução da não conformidade dos materiais e componentes[8], o que, certamente, demandará mudança nos sistemas construtivos, especialmente no setor de edificações. Além disso, para Mello e Amorin[8], é necessário um substancial esforço do setor para qualificar e reduzir os acidentes de trabalho, o que é dificultado pelo fato de o setor ser constituído por pequenas e médias empresas, e pela rotatividade elevada[2]. É necessário encontrar formas para permitir que trabalhadores informais, micro, pequenas e médias empresas superem as dificuldades de oferecer treinamento para a suas equipes, pois mantê-las desatualizadas é um incentivo para a deterioração de todo o sistema. Além de algumas iniciativas isoladas do Senai, muitas empresas construtoras e associações de fabricantes, mantêm cursos regulares, mas estima-se que entre 2002 e 2007 o sistema tenha formado somente cerca de 300 mil pessoas[7], uma quantidade muito pequena. A única proposta estruturada para formação profissional na Construção Civil resulta de um estudo financiado pela Abramat e realizado pela Poli USP. Esse estudo propõe um programa de formação e certificação dos recursos humanos que demandaria um investimento de cerca de R$ 15 bilhões[7], um investimento modesto – o Sesi isolado gasta cerca de R$ 9,5 bilhões ao ano – se forem considerados os benefícios. Novamente a solução exige ação setorial coletiva.

A segurança no trabalho é outro aspecto importante, pois o setor é reconhecidamente um dos que apresentam maior risco para o trabalhador, sendo responsável por cerca de 17% dos acidentes de trabalho fatais no mundo[9]. O Ministério da Previdência registrou, em 2009, um total de 54.142 acidentes. Também, em 2009, foram encerrados processos referentes a 395 óbitos em acidentes de trabalho, o que representou 16% do total[10]. No entanto, é preciso registrar significativas diferenças entre regiões – o Estado de São Paulo, que concentra uma parcela significativa da atividade de construção do País, foi responsável por um número significativo de mortos (12), mas apenas 3% do total nacional. Quedas e soterramentos têm dominado o número de acidentes fatais em São Paulo[9]. Como a previdência trabalha somente com dados de trabalhadores formais, que são menos de 1/3 do total, e é provável que a segurança seja menor no setor informal, enfrentamos uma verdadeira epidemia. À cultura de (não) gestão, agravada pela informalidade e a ausência de formação técnica dos trabalhadores, somam-se as soluções técnicas que envolvem atividades de risco, resultando em um grave problema social.

A questão de gênero é mais complexa, pois inclui uma tradição de preconceito contra a atuação de mulheres em canteiros. A superstição de que a obra poderia ruir com a presença feminina dentro dos canteiros persistiu até quase o fim do século XX e só mais recentemente, a mão de obra feminina foi aceita nas atividades de construção. Para essa mudança, provavelmente, contribuiu a efetiva atuação das mulheres nas atividades de autoconstrução/mutirão, o que deve ter colaborado para a quebra do temor dos operários em relação à presença feminina. Curiosamente, as mulheres, menos de 3% da força de trabalho, recebem 10% a mais que os homens, na média. Isso só ocorre porque a maioria delas não trabalha diretamente na obra, mas nos escritórios, em funções em que a remuneração é maior, realidade que está, pouco a pouco, mudando. Mas, certamente, a questão de gênero deve ser objeto de discussão do setor.

Embora existam notáveis exceções de construtoras que se preocupam com a qualidade de vida nos canteiros, de uma forma geral, as condições locais – refeitórios, sanitários, acesso a água potável, alojamentos e trabalho –, nos canteiros, estão em flagrante desacordo com a pujança econômica setorial. As manifestações que ocorreram em março de 2011 nos canteiros das obras das hidrelétricas de Jirau e de Santo Antônio, no rio Madeira, e também da usina de São Domingos, em Mato Grosso do Sul, que envolveram depredações e paralisaram as obras, são apenas a ponta do iceberg, que mobilizou, momentaneamente, até a Presidência da República. As causas das revoltas[11-13] incluem péssimas condições de trabalho, discriminação de operários de acordo com a origem, medidas coercitivas ilegais pela segurança patrimonial, não cumprimento da legislação trabalhista e até preços abusivos de alimentos e remédios vendidos nos canteiros, tudo isso viabilizado pela terceirização descontrolada da mão de obra, o que protege a imagem e os interesses financeiros das empresas contratadas diretas. A situação é, certamente, mais grave nessas megaobras, realizadas em regiões isoladas, que obrigam as empresas a captar recursos humanos em locais distantes, que acabam concentrados em locais afastados de cidades. No entanto, o trabalho em condições degradantes tem deixado de ser privilégio do setor agrícola e de grandes obras em locais ermos: fatos similares foram flagrados em obras médias localizadas na grande São Paulo[5,14].

As empresas envolvidas incluem grandes empreiteiras de obras públicas do País e também do setor de edificações, algumas delas, parte de conglomerados empresariais, com atuação internacional. Essas empresas possuem complexos sistemas gerenciais, e considerando que os problemas se repetem, deduz-se que a prática não é mero acidente de percurso, mas algo implicitamente permitido por suas políticas gerais.

O interessante é que, quase todas as empresas, publicam relatórios de responsabilidade social corporativa e desenvolvimento sustentável, e algumas, até mesmo, participam ativamente do movimento.

Os relatos são casos extremos, mas, como já foi dito, as condições de trabalho e vida típicas da atividade de construção brasileira, mesmo em grandes cidades, deixa muito a desejar. Apesar de alguns avanços, em muitas construtoras, que têm melhorado alojamentos e refeitórios, bem como a limpeza geral do canteiro, implantado uniformes e atividades educativas, como arte, no canteiro, de uma forma geral as condições de trabalho e vida dos trabalhadores de obra estão muito abaixo do que é esperado para um setor com tal dinamismo econômico e que conta com forte apoio governamental. Certamente, essa realidade não ajuda a atração de jovens para a carreira na construção, o que agrava a escassez de recursos humanos[2,7]. Também mostra os limites das tentativas de promover práticas e empregos "verdes" no setor, sem tratar de questões sociais.

O fato de a indústria de materiais e componentes de construção e o setor de projetos não terem sido discutidos neste texto não significa que sejam imunes aos problemas de recursos humanos. Em cada um desses setores podem ser encontrados problemas específicos graves, que merecem atenção.

Os recursos humanos estão no centro dos desafios sociais da construção brasileira e, certamente, reduzem a capacidade do setor em atrair talentos e ter seu papel social reconhecido. As múltiplas dimensões do problema, bem como a sua gravidade, requerem novas estratégias. Estas deverão combinar um aumento de produtividade com salários, mudanças culturais e de práticas de gestão, segurança no trabalho, questões de gênero e formação de recursos humanos.

6.3 Usuários e clientes

Toda a sociedade é usuária – direta ou indireta – e cliente* da Construção Civil. A qualidade do ambiente contruído define, em grande medi-

---

* Está sendo feita, aqui, uma distinção entre esses grupos, pois a diferença implica diferentes perspectivas. Os usuários são aqueles que usam direta ou indiretamente a construção, e normalmente são em maior número que os clientes, especialmente nas obras de infraestrutura. Os clientes são aqueles que contratam o empreendimento e, muitas vezes, são apenas investidores. Em obras públicas, muitas vezes, o cliente de direito (o Estado) não é o cliente de fato, pois é substituído por um conluio de agentes.

da, a qualidade de vida da sociedade como um todo. No entanto, o setor pouco conhece e estuda seus consumidores, tendendo a aceitar soluções que implicam que o usuário adote determinado comportamento improvável, em vez de buscar projetar de maneira a explorar as tendências naturais de comportamento do usuário[15], como fazem os demais setores. Esse tema encerra muitas oportunidades para inovação.

Medidas de sustentabilidade, que implicam comprometer usuários a operar edifícios cada vez mais sofisticados, como sistemas de geração de energia, captação e reuso de água ou até tetos frios, são discutidas e implementadas sem considerar o interesse e as reais possibilidades dos usuários finais. Isso é feito apesar de ser reconhecido que entender e respeitar a cultura do usuário é fundamental para o sucesso da estratégia de construção sustentável, e até para que essa cultura seja alterada[15]. Um estudo recente da OECD mostra que existem diferenças significativas na perceção e nas motivações dos usuários da construção de diferentes países, acerca de soluções voltadas para aumentar a sustentabilidade da construção[16], e que essas tendências devem ser incorporadas às políticas públicas pela adoção de estratégias para mudanças de comportamento, incluindo a criação de campanhas educacionais. Um estudo holandês revelou que uma parcela significativa dos usuários de novas residências, projetadas e construídas de acordo com critérios de sustentabilidade, não sabia e/ou não estava interessada em utilizar as modernas funções para economia de água, melhoria de ventilação e manutenção dos materiais[17].

O entendimento da realidade e das expectativas do usuário abre as portas para uma ampla gama de ações de alta eficácia que podem mudar a vida de comunidades. Um exemplo de como uma proposta simples e de baixo custo pode ter um impacto social significante é a do governo do México. Um programa de substituição do piso "sujo" das habitações por cimentados – um investimento de US$ 150 por habitação, reduziu as doenças infantis parasitárias em 79%, a diarreia em 49%, e a anemia em 81%[18]. Todo esse resultado social foi obtido apenas pela substituição do piso de "terra batida" por um piso cimentado, sendo que as outras partes das habitações não foram alteradas.

Como passamos a maior parte de nossas vidas dentro de edifícios, é esperado que a qualidade destes exerça influência na saúde. Infelizmente, não estão disponíveis muitos dados, como os do exemplo anterior, para demonstrar que as condições de moradia, ruído e conforto têm impactos na saúde da população[19], e os poucos dados disponíveis vêm principalmente dos países em desenvolvimento, onde esse tema é, certamente, muito crítico.

A economia de energia nos países do norte gerou edifícios estanques, que, por sua vez, levaram à descoberta da síndrome dos edifícios doentes, associada à qualidade do ar do interior dos edifícios, para a qual contribuem os compostos orgânicos voláteis dos materiais de construção[22], e que, com a crescente introdução dos aparelhos de ar condicionado tipo *split* – que não renovam o ar interior – deverá ser um problema crescente no País.

Alguns dados de riscos de acidentes relacionados a quedas de idosos começam a ser gerados no Brasil. É sabido que as quedas ocorrem em cerca de 30% dos idosos e entre 10 a 15% resultam em lesão grave, sendo que, mais da metade dos acidentes, ocorre nas residências[20]. O escorregamento, bastante influenciado pelas propriedades superficiais do revestimento do piso, é responsável por cerca de 20% das quedas e de 23% dos tropeços. Na Nova Zelândia, demonstrou-se que os acidentes domésticos têm um custo maior do que os rodoviários[21].

São consistentes os resultados que apontam que exposição prolongada a ruído causa problemas de saúde diversos, como arteriosclerose, tendências a doenças coronárias em geral[23], sono e problemas de saúde mental[24]. Portanto, o isolamento acústico de fachadas passa ser um problema de saúde pública. Em um país onde a ventilação natural é um hábito e parte importante de uma estratégia para conforto com pouco consumo de energia[25], atingir simultaneamente isolamento acústico e conforto por ventilação natural, particularmente nas grandes cidades, vai requerer soluções inovadoras.

A qualidade do ambiente construído tem um efeito direto na qualidade de vida e na felicidade das pessoas, por isso, está sendo considerada uma importante medida para o bem-estar[11]; ela também afeta a felicidade, o que é um bem social. No exemplo mexicano, a alteração do piso fez com que a satisfação com a qualidade da habitação chegasse a 59%, um aumento de 69% em relação à realidade anterior à reforma[7]. Recomenda-se um esforço internacional para se definir indicadores nesse tema[26], o que pode ser muito interessante e relevante para que o setor destaque a sua importância social.

Outro grupo bastante afetado pela construção é constituído pela vizinhança das obras, que, nem sempre, corresponde a seus usuários diretos, mas que é por ela afetada. As ações das obras nesse grupo ocorrem tanto na fase de execução – ruído, poeira e dificuldades para o trânsito têm sido os principais problemas – como após a conclusão, sendo no último caso, mais problemático, pois são ações de longo prazo. Nos Estados Unidos a Environmental Protection Agency estimou que os canteiros são responsáveis pela emissão de 13% das partículas abaixo de 10 μm (PM10), mas as estradas e ruas não pavimentadas (ou seja, a construção inacabada) são responsáveis por 40% do total[27]. A poluição por partículas tem sido associada não somente a doenças respiratórias, mas também a doenças cardiovasculares[28].

Nas últimas décadas, a reação da vizinhança das obras tem sido mais eficiente e demandante, obrigando o poder público a rever as suas posições. Em muitos países, inclusive nos Estados Unidos, o processo de autorização de construção prevê ampla participação dos vizinhos. No Brasil, o posicionamento firme da vizinhança tem conseguido alterar projetos de obras de vulto como estações de metrô, shopping-centers e escolas, e também de edifícios em áreas residenciais. O aspecto da vizinhança não pode ser minimizado num empreendimento de porte e, por isso, as empresas devem incluir, nas diversas fases do processo, uma interação forte com a vizinhança, apresentando e demonstrando as vantagens e os cuidados adotados, e, se for o caso, adaptando o projeto para evitar um conflito maior com o grupo.

6.4 Informalidade

Como foi salientado na introdução deste capítulo, e nos capítulos anteriores, a informalidade merece um destaque especial, pois a sociedade brasileira é bastante tolerante com essas prática.

A economia informal ou "fantasma" pode ser genericamente definida como a atividade econômica que não é declarada para as agências governamentais[30,31]; ela representa um fração significativa – muitas vezes superior a 70% – da economia de muitos países em desenvolvimento[30,32]. Na Construção Civil brasileira, os números do estudo da Abramat – Associação Brasileira de Materiais de Construção (Figura 6.4) são muito preocupantes e demonstram que a informalidade tornou-se endêmica.

Empresas informais trabalham à margem da lei, não cumprem obrigações sociais com seus funcionários e vizinhos e sonegam impostos

Essa é uma estratégia eficiente de melhorar a competitividade e muitas empresas e alguns setores somente sobrevivem graças a esses artifícios. Dificilmente esse perfil de empresa se caracteriza por respeito à legislação ambiental e aos padrões de qualidade, além da sonegação generalizada, resultando numa competição injusta entre as empresas, com prejuízos certos à toda sociedade e mais graves aos usuários e clientes. Pela relativa complacência da população com essa atitude, o seu combate não deve ser policialesco, mas de esclarecimento, mostrando o quanto essa prática prejudica as pessoas diretamente envolvidas e a sociedade como um todo, bem como através de inovações, como as da Nota Fiscal Eletrônica Paulista.

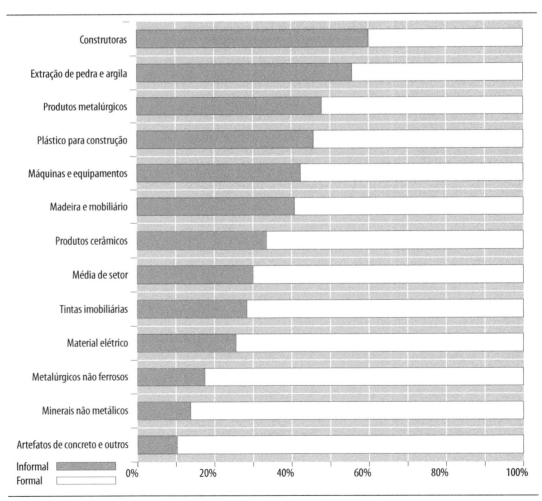

FIGURA 6.4 – A informalidade na cadeia produtiva da construção brasileira no ano 2006.
Fonte: Estudo da FGV para a Abramat[29].

A tolerância da sociedade deve-se ao fato de que, em muitos casos, essa é uma estratégia de sobrevivência da população mais carente[33], sendo resultante de e alimentada pela excessiva taxação e regulamentação das atividades[34], que é o caso brasileiro. A informalidade ocorre em todas as áreas da economia, incluindo na obtenção de água e na destinação do esgoto, no transporte e na produção de bens, integrando-se plenamente com a economia formal por meio das subcontratações[33], como foi destacado na seção anterior. Ela destrói a capacidade do governo para planejar e implementar políticas públicas[31], inclusive aquelas relacionadas à promoção de sustentabilidade.

Na área da construção, esse conceito é fortemente relacionado com os assentamentos de habitações informais (favelas), que constitui uma estratégia de sobrevivência da população de baixa ou nenhuma renda. No entanto, a informalidade inclui operações muito maiores e lucrativas, em todos os setores da implantação de empreendimento, da extração de madeira e na produção de materiais e componentes básicos, como agregados para concreto e tijolos. Deve-se também admitir que muitos negócios formais, por uma razão ou outra, mantêm parte de suas atividades na informalidade, seja para obter uma vantagem competitiva contra os concorrentes ou mesmo para sobreviver em um ambiente repleto de concorrentes informais.

Os exemplos de burla à legislação em empreendimentos de alto padrão, lamentavelmente, são frequentes. No município de São Paulo, existem, pelo menos, dois casos emblemáticos de edifícios que afrontam a legislação e, por essa razão, introduzem riscos ao funcionamento adequado do Aeroporto de Congonhas: o edifício Bahamas e o Villa Europa (Figura 6.5).

Outras práticas corriqueiras de projeto também demonstram o princípio de obter vantagens ludibriando a legislação, como é o caso da "meia janela", em que permanentemente a iluminação e a ventilação só podem ocorrer pela metade da área de abertura da esquadria (Figura 6.6), o que, muitas vezes, é inferior às exigências de higiene. Parte da informalidade envolve também os usuários, que realizam adaptação como transformar a sacada em parte da área interna do edifício o puxadinho e o andar extra. Os casos são tão corriqueiros que vários profissionais os consideram normais e não como infrações à legislação vigente.

FIGURA 6.5 – Edifício Villa Europa, com apartamentos duplex com valor estimado superior a 5 milhões de reais, foi construído na Rua Tucumã, Jardim Europa, na cidade de São Paulo, com 30 metros acima do gabarito, interferindo na aproximação dos aviões que pousam no aeroporto de Congonhas, um dos mais movimentados do País. A discussão judicial se arrasta ha mais de 10 anos.

Um caso particular da informalidade é a não conformidade de materiais, componentes e processos com a normalização vigente, como uma estratégia para aumentar a competitividade. No Brasil, o Programa Brasileiro de Qualidade e Produtividade do Habitat[35] (PBQP-H) acompanha periodicamente a conformidade de vários componentes da construção com as normas técnicas vigentes (Figura 6.7).

Informalidade e a sustentabilidade social e empresarial 115

FIGURA 6.6 – A meia janela: a definição de janela é confundida com a abertura na alvenaria e não como sendo a área de iluminação ou ventilação. A metade da janela que permanece fechada é a mais cara e de pior desempenho térmico. Como ela não permite sombreamento sem perda de iluminação e ventilação os moradores do último andar na fachada oeste de um edifício paulistano improvisaram cortinas externas.
Foto: Carina Barros.

A não conformidade, geralmente proposital, é, em muitos setores, elevada, podendo passar de 60%. Ela ocorre mesmo para produtos com certificação compulsória, como os extintores de incêndio, que atingem quase 30%[35]. Deve-se ressaltar que, na lista de produtos disponíveis, materiais de grande consumo nas construções populares não estão presentes, como os agregados, particularmente areia natural, madeira e os blocos, tanto os cerâmicos como os de concreto. Portanto o PBQP-E ainda não está contemplando uma fração considerável dos produtos empregados no País. Um caso curioso, foi a de um produto branco inerte, indicado na embalagem como material para argamassas, e que tinha no nome a palavra "cal" – o produtor se defendeu na Justiça, afirmando que a palavra "cal" era da marca e que ele não pretendia vender o produto como uma cal.

A não conformidade não é um privilégio dos países em desenvolvimento. Nos Estados Unidos, num estudo completo, mas não muito recente, mostra-se que a não conformidade com os limites de emissões de poluentes chegou a ser de 35%[36]. Estudos mais recentes, no Estado da Califórnia[37], concluíram que algumas regulamentações de eficiência energética são pouco seguidas. Nas construções, a não conformidade varia de 44 a 100%, e, nos equipamentos, de 0 a 63%.

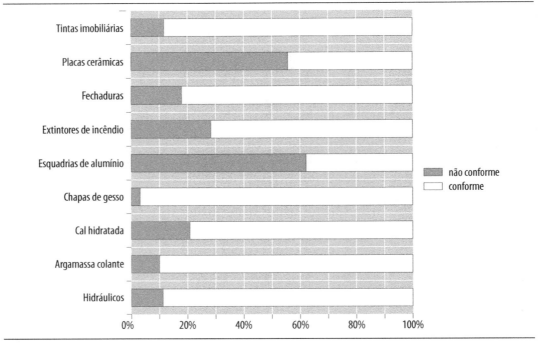

FIGURA 6.7 – Índices de conformidade dos Programas Setoriais de Qualidade, no Brasil em Março de 2011.
Fonte: PBQP-H[35].

É a informalidade que permite o desmatamento da Amazônia, fonte de boa parte da madeira nativa utilizada na construção brasileira. Embora existam indícios de que em resposta a campanhas com os consumidores – em especial, pelo projeto Madeira Legal, coordenado pelo WWF e com participação de amplos setores da construção – combinadas com uma fiscalização mais efetiva, a situação está se alterando, o problema ainda permanece relevante.

As políticas públicas não são eficazes na economia informal. Pior ainda, com o aumento de impostos, ou exigências ambientais, impactam os custos do setor formal da economia, aumentando a vantagem competitiva do setor informal. O resultado pode ser o oposto do desejado, com um aumento do mercado do setor informal, ou ainda, um aumento da adesão ao mercado informal.

Assim, a construção sustentável depende de uma redução drástica da informalidade. Ela exige uma ação mais firme do Estado, como a implementação da nota fiscal eletrônica, uma política eficiente de fiscalização. No entanto, a participação da sociedade como um todo é fundamental.

As ferramentas são relativamente simples e incluem trivialidades como a exigência de nota fiscal, compra de madeira oriunda de plantações ou certificadas etc. Para facilitar o engajamento social o Comitê Temático de Materiais do CBCS (Conselho Brasileiro de Construção Sustentável) elaborou uma ferramenta para a seleção de fornecedores, denominado "Seis Passos", que está disponível gratuitamente na página da entidade[†]. A ferramenta pode ser utilizada por leigos, órgãos públicos, construtores e toda e qualquer empresa, e se aplica também a outros ramos que não a construção. Todas as etapas do processo de verificação são realizadas via a Internet. De uma forma resumida, esses seis passos são:

1. Verificação da formalidade da empresa fabricante e fornecedora, que deve ser devidamente registrada (ter CNPJ) e estar em situação regular com o Fisco;

2. Verificação da licença ambiental, que é obrigatória para todos os produtores;

3. Verificação das questões sociais, como a eventual existência de trabalho infantil, trabalho escravo, jornadas excessivas de trabalho, bem como a verificação da situação da higiene no trabalho;

4. Verificação de qualidade e observação de normas técnicas do produto, observando se a fornecedora participa dos Programas Setoriais do PBQP-H, e, caso o tipo de produto ainda não esteja inserido nesse programa, se tem certificação ou avaliação (no caso de produto inovador);

5. Consulta sobre o perfil de responsabilidade socioambiental da empresa, o seu relacionamento com os funcionários e fornecedores, com o meio ambiente, a comunidade e sociedade, e sobre sua transparência e governança;

6. Identificação da existência de propaganda enganosa, analisando a consistência e a relevância das afirmações.

[†] Disponível em: <www.cbcs.org.br>.

Oportunidades para a inovação

Desde 2009, dentro do CIB_1[*], está se trabalhando num novo tema prioritário que é o da construção centrada nos clientes e usuários. Esse tema não é restrito às construções habitacionais, mas inclui edificações hospitalares, escolares, comerciais, bem como as de infraestrutura, incluindo transportes.

A proposta do tema veio da associação de construtoras da Dinamarca, com apoio de outras instituições escandinavas, e contou com surpreendente apoio da Austrália e da África do Sul. A motivação das entidades que lideram essa iniciativa é uma tentativa de resposta às demandas, cada vez mais insistentes, das associações de usuários (várias de pessoas jurídicas), que, há algum tempo, atuam no norte da Europa e estão internacionalizando as suas atividades. Portanto, o assunto, em breve, deve estar em voga no nosso país.

A novidade nesse tema é que se está buscando modificar o foco do setor do lado da oferta para o lado da demanda. Os clientes e usuários deveriam ter um papel significante na formatação de uma edificação ou empreendimento, por meio de várias diretrizes sociais, tecnológicas, econômicas, ambientais e até políticas. A melhor compreensão dessas aspirações, necessidades e comportamento dos usuários e clientes pode oferecer um novo caminho importante para que o setor forneça produtos de maior valia para os seus consumidores. A importância do entendimento dos padrões de interação do usuário com os edifícios cresce porque a sustentabilidade tende a agregar novas funções (geração de energia e até pré-tratamento de água) e tornar os edifícios mais complexos. Um melhor entendimento desses padrões é fundamental para melhorar os modelos de simulação de edifícios em uso, especialmente no que toca ao conforto higrotérmico, o consumo de energia e água.

Outra oportunidade é o desenvolvimento de estratégias mais abrangentes para o combate da informalidade, seja por meio de políticas públicas – a nota fiscal eletrônica certamente apresenta bom potencial de ser mais bem explorada – seja por meio da incorporação de novas tecnologias, como, por exemplo, para melhorar a identificação de origem da madeira plantada.

---

[*]CIB – International Council for Research and Innovation on Building and Construction.

Referências bibliográficas

1. UNEP. Sustainable building and construction – facts and figures. *Industry and Environment*, v. 26, p. 5-8, 2003.

2. NERI, M. C. *Trabalho, educação e juventude na construção civil* – Sumário. 2011. Disponível em: <http://www.fgv.br/cps/bd/vot3/Vot3_Construcao_Sumario.pdf>.

3. MINISTÉRIO DO TRABALHO E EMPREGO. *Anuário Estatístico Rais*. 2011. Disponível em: <http://anuariorais.caged.gov.br/index1.asp?pag=remuneracao>.

4. SCOLESE, E. Trabalho escravo é flagrado em obra do PAC. *Folha de São Paulo*, 8 set. 2009. Disponível em: <http://www1.folha.uol.com.br/folha/brasil/ult96u620638.shtml>.

5. VOITCH, G. Três empreiteiros são presos em SP acusados de escravidão. *Folha de São Paulo*, 2011. Disponível em: <http://www1.folha.uol.com.br/poder/880121-tres-empreiteiros-sao-presos-em-sp-acusados-de-escravidao.shtml>.

6. CBIC. *O mercado de trabalho da construção civil*. Disponível em: <http://www.cbic.org.br/sala-de-imprensa/apresentacoes-estudos/o--mercado-de-trabalhao-da-construcao-civil>.

7. CARDOSO, F. F. ET AL. *Capacitação e certificação profissional na construção civil e mecanismos de mobilização da demanda*, v. 90. São Paulo: Abramat, 2007. Disponível em: <http://www.pcc.usp.br/fcardoso/poli_abramat.pdf>.

8. MELLO, L. C. B. de B.; AMORIM, S. R. L. O subsetor de edificações da construção civil no Brasil: uma análise comparativa em relação à União Europeia e aos Estados Unidos. *Produção*, v. 19, p. 388-399, 2009.

9. EGLE, T. Radiografia da (in)segurança. *Revista Téchne*, 2009. Disponível em: <http://www.revistatechne.com.br/engenharia-civil/153/radiografia-da-in-seguranca-ate-outubro-deste-ano-a-construcao-158481-1.asp>.

10. MINISTÉRIO DA PREVIDÊNCIA SOCIAL. DDS – CGI Web Seção I – Estatísticas de acidentes do trabalho. Subseção A – Acidentes do trabalho registrados. *Anuário Estatístico de Acidentes do Trabalho 2009*, 2010. Disponível em: <http://www.previdenciasocial.gov.br/conteudoDinamico.php?id=1034>.

11. PEDUZZI, P. Incêndio nos alojamentos do canteiro de obras de Jirau deixa 10 mil funcionários nas ruas de Porto Velho. *Agência Brasil*. 2011. Disponível em: <http://agenciabrasil.ebc.com.br/noticia/2011-03-18/incendio-nos-alojamentos-do-canteiro-de-obras-de-jirau-deixa-10-mil--funcionarios-nas-ruas-de-porto-ve>.

12. CRAIDE, S. Novo protesto de trabalhadores paralisa obras em mais uma hidrelétrica. Desta vez, em Mato Grosso do Sul. *Agência Brasil*. 2011. Disponível em: <http://agenciabrasil.ebc.com.br/noticia/2011-03-25/novo-protesto-de-trabalhadores-paralisa-obras-em-mais-uma-hidreletrica-desta-vez-em-mato-grosso-do-su>.

13. ZAGALLO, J. G. C.; LISBOA, M. *Violações de direitos humanos ambientais no complexo madeira – relatório preliminar de missão de monitoramento*, v. 37. Relatoria Nacional para o Direito Humano ao Meio Ambiente Plataforma Dhesca Brasil, 2011.

14. ROCHA, M. Mais comum nas áreas rurais, trabalho degradante cresce em obras. *Folha de São Paulo*, 2011. Disponível em: <http://www1.folha.uol.com.br/poder/891369-mais-comum-nas-areas-rurais-trabalho-degradante-cresce-em-obras.shtml>.

15. LEAMAN, A. User needs and expectations. *Buildings, Culture and Environment:* Informing Local and Global Practices, p. 154-176, 2003. Disponível em: <http://www.rgc.salford.ac.uk/peterbarrett/resources/uploads/File/UserNeedsAndExpectations-AL%281%29.pdf>.

16. OECD. *Greening household behaviour the role of public policy.* 2011. Disponível em: <http://dx.doi.org/10.1787/9789264096875-en>.

17. DERIJCKE, E.; UITZINGER, J. Residential behavior in sustainable houses. *User behavior and technology development shaping sustainable relations between consumers and technologies*, v. 20, p. 119-126, 2006.

18. CATTANEO, M. D.; GALIANO, S.; GERTLER, P. J.; MARTINEZ, S.; TITIUNIK, R. *Housing, health, and happiness.* v. 36, 2007. Disponível em: <http://go.worldbank.org/2AUKNRY210>.

19. GIBSON, M. et al. Housing and health inequalities: A synthesis of systematic reviews of interventions aimed at different pathways linking housing and health. *Health & Place*, v. 17, p. 175-184, 2011.

20. GANANÇA, F. F.; GAZZOLA, J. M.; ARATANI, M. C.; PERRACINI, M. R.; GANANÇA, M. M. Circunstâncias e conseqüências de quedas em idosos com vestibulopatia crônica. *Rev. Bras. Otorrinolaringol.*, v. 72, 2006.

21. KEALL, M. D.; GURIA, J.; HOWDEN-CHAPMAN, P.; BAKER, M. G. Estimation of the social costs of home injury: a comparison with estimates for road injury. *Accident Analysis & Prevention*, v. 43, p. 998-1002, 2011.

22. JONES, A. P. Indoor air quality and health. *Atmospheric Environment*, v. 33, p. 4535-4564, 1999.

23. HOFFMANN, B. ET AL. *Residential traffic exposure and coronary heart disease*: results from the Heinz Nixdorf Recall Study. 2009. Disponível em: <http://informahealthcare.com/doi/abs/10.1080/13547500902965096>.

24. ÖHRSTRÖM, E.; SKÅNBERG, A.; SVENSSON, H.; GIDLÖF-GUNNARSSON, A. Effects of road traffic noise and the benefit of access to quietness. *Journal of Sound and Vibration*, v. 295, p. 40-59, 2006.

25. CÂNDIDO, C.; LAMBERTS, R.; DE DEAR, R.; BITTENCOURT, L.; DE VECCHI, R. Towards a Brazilian standard for naturally ventilated buildings: guidelines for thermal and air movement acceptability. *Building Research and Information*, v. 39, p. 145-153, 2011.

26. KEALL, M.; BAKER, M.G.; HOWDEN-CHAPMAN, P.; CUNNINGHAM, M.; ORMANDY, D. Assessing housing quality and its impact on health, safety and sustainability. *Journal of Epidemiology & Community Health*, v. 64, p. 765-771, 2010.

27. RESENDE, F. *Poluição atmosférica por emissão de material particulado*: avaliação e controle nos canteiros de obras de edifícios. 2007.

28. BROOK, R. D. ET AL. Particulate matter air pollution and cardiovascular disease: An update to the scientific statement from the american heart association. *Circulation*, v. 121, p. 2331-2378, 2010.

29. FGV PROJETOS. *Tributação na indústria brasileira de materiais de construção*. São Paulo: Abramat, 2006.

30. SCHNEIDER, F.; ENSTE, D. Shadow economies around the world: size causes and consequences. 56, 2000. Disponível em: <http://www.imf.org/external/pubs/cat/longres.aspx?sk=3435.07>.

31. DANOPOLUOS, C.; ZNIDARIC, B. Informal economy, tax evasion and poverty in a democratic setting: Greece. *Mediterranean Quaterly*, v. 18, p. 67-84, 2007.

32. GËRXHANI, K. The informal sector in developed and less developed countries: a literature survey. *Public Choice*, v. 120, p. 267-300, 2004.

33. DADA, J. O. *Harnessing the potentials of the informal sector for sustainable development*: lessons from Nigeria. UNPAN, 2007. Disponível em <http://unpan1.un.org/intradoc/groups/public/documents/AAPAM/UNPAN025582.pdf>.

34. BECKER, K. F. The informal economy, SIDA, 2004. Disponível em <http://rrv.worldbank.org/documents/paperslinks/sida.pdf>.

35. PBQP-H Sistema de qualificação de materiais, componentes e sistemas construtivos (SiMaC). Disponível em <http:www4.cidades.gov.br/pbqp-h/projetos_simac_psqs.php>.

36. HEYES, A. Making things stick: enforcement and compliance. *Oxford Review of Economic*, v. 14, p. 50-63, 1998.

37. KHAWAJA, M. S.; LEE, A; LEVY, M. Statewide codes and standards market adoption and noncompliance rates. *Southern California Edison*, v. 155, 2007. Disponível em <http://www.energycodes.gov/publications/research/documents/codes/ca_codes_standards_adopt_noncompliance.pdf>.

7 Outras ações e considerações finais

No capítulo inicial destacamos que o conceito de sustentabilidade é complexo, e que, neste livro, ele é entendido no seu sentido amplo, conciliando os aspectos ambientais, com os econômicos e os sociais. Mais ainda, que essa abordagem tem de ter o comprometimento de toda a cadeia produtiva da Construção Civil, bem como o empenho dos órgãos governamentais que legislam o setor e definem as políticas públicas.

Alguns tópicos foram detalhados nos capítulos anteriores, selecionados pelo seu impacto na sustentabilidade ou pelo pouco destaque merecido no meio, mas outros têm a mesma importância e não podem ser desprezados. Por isso, neste capítulo final, procuramos relacionar as demais ações indispensáveis, e que não foram detalhadas, seja por já contarem com bastante documentação (água e energia), seja por estarem a exigir uma melhor discussão, como no caso da certificação, e mostrar o seu efeito para tornar a Construção Civil mais sustentável.

Energia e água foram os primeiros tópicos relacionados à sustentabilidade na construção a serem investigados e até normatizados em vários países, muito antes de serem iniciadas as discussões mais multidisciplinares sobre meio ambiente e sustentabilidade. Existe, no momento, um considerável acúmulo de conhecimento e uma maior massa crítica, inclusive com políticas públicas definidas, em escala nacional.

Água e energia são consumidas durante todo o ciclo de vida e têm impacto dominante na fase de uso da edificação. Adicionalmente, ambos os insumos têm tido custo crescente. Portanto, os resultados de iniciativas relacionadas a esses temas são facilmente mensuráveis sob o ponto de vista monetário. Por isso, mesmo quem ainda não tem comprometimento com a sustentabilidade da construção se preocupa em implementar a redução do consumo desses insumos.

7.1 Água e construção sustentável

Estima-se que um total de 97,5% da água existente no planeta é composto por água salgada e imprópria para consumo e irrigação (Figura 7.1). Da parcela de 2,5% de água doce, cerca de 40% encontram-se presos nas geleiras, e boa parte do restante é umidade aprisionada no solo[1]. Resulta que menos de 1% da água existente no planeta é doce e está disponível para o consumo dos ecossistemas. A maior parte é transportada dentro do ciclo hidrológico, que envolve o fluxo dos rios, o estoque nos oceanos como água salgada, a evaporação e a chuva[2].

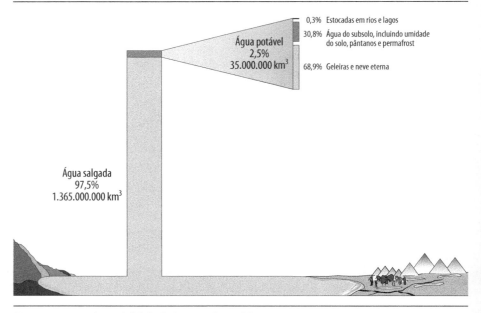

Figura 7.1 – A disponibilidade de água no planeta[1].
Fonte: Unep, 2002.

A ação humana, normalmente, acarreta danos ao ciclo natural da água: desvia a água em aplicações, como a agricultura e o consumo humano; na zona urbana, impermeabiliza o solo, impedindo a reposição do lençol freático; as canalizações e os pavimentos provocam um aumento na velocidade de vazão superficial, provocando enchentes urbanas; os movimentos de terra da agricultura ou de urbanização provocam erosões, modificando os fluxos naturais.

Embora o Brasil disponha de, aproximadamente, 14% da água doce superficial do mundo, menos de 1% desse total é retirado para consumo humano[2]. No entanto, 68% desses recursos estão localizados na Região Norte, que congrega menos de 8% da população do País enquanto o Nordeste, que abriga cerca de 28%, da população, dispõe apenas de 3% da água doce disponível.

Mesmo em regiões com oferta abundante de água, como o Sudeste, a concentração do consumo pode levar a situações de estresse hídrico: a região metropolitana de São Paulo tem uma disponibilidade de 217 m³/hab. ano, 0,6% da disponibilidade média brasileira (33.944,73 m³/hab. ano) e muito abaixo do que é considerado como situação de escassez crônica de água[3].

Uma parcela próxima a 26% da água retirada e a 10% da água consumida é utilizada no ambiente construído, excluída a indústria e o agronegócio[2]. Mais de 1/3 da água retirada da natureza pelas empresas de abastecimento de água é perdida durante o processo de distribuição. O consumo médio de água no Brasil é de cerca de 150 L/hab. dia, sendo que regiões de maior renda apresentam consumo maior[4].

Segundo o Ministério das Cidades, apenas 50,6% dos domicílios urbanos são atendidos por esgoto sanitários, e uma parcela correspondente a menos de 35% do esgoto coletado é tratada, de acordo com o Sistema Nacional de Informações sobre Saneamento (Snis, 2008) [4]: dejetos sem tratamento são lançados nos cursos hídricos ou no solo, gerando contaminação e doenças. O mesmo se aplica a boa parte das águas contaminadas por processos industriais e atividades de irrigação. Além do esgoto e dos resíduos líquidos industriais, a lixiviação de espécies químicas presentes nos materiais de construção, como madeira tratada, tintas e, até mesmo, alguns aditivos de concreto [5], defensivos agrícolas e até mesmo resíduos de fármacos [6,7], incluindo anticoncepcionais, contaminam as águas com espécies químicas que as estações de tratamento não conseguem remover.

A indústria de componentes oferece uma ampla gama de produtos para economia de água, como arejadores, registros reguladores de vazão, torneiras automáticas inclusive automática combinada com manual, uma inovação adequada a residências [8,9]. Um dos grandes resultados foi a universalização das bacias sanitárias de 6,8 L, organizada a partir do PBQP-H, em um exemplo mundial da eficácia de políticas públicas articuladas em conjunto com a sociedade. Recentemente, tornaram-se disponíveis sistemas de coleta de água de chuva com diferentes níveis de sofisticação. Um destaque pelo seu cunho social é o projeto de implantar cisternas, promovido pela Articulação do Semiárido no Brasil (ASA), que, inspirado pela experiência chinesa, trouxe água para milhões de brasileiros da Região Nordeste (Figura 7.2). Também estão disponíveis estações de tratamento de esgoto compacta e sistemas de reuso de água cinza.

Figura 7.2 – Anúncio de divulgação do programa de cisternas promovidos pela ASA.
Fonte: Imagem disponível em: <http://www.asabrasil.org.br/UserFiles/File/anuncio_jornal-3.jpg>.

Os sistemas de "produção" de água nos edifícios aumentam a complexidade do sistema, tornam o responsável pela residência ou edifício responsável pela operação e manutenção do sistema e pela realização de controle periódico da qualidade da água, aumentando os riscos de contaminação para os usuários. Existem ferramentas adequadas para mitigar os riscos[10], mas em todos os casos será necessário garantir a continuidade da operação dos sistemas ao longo do tempo e com diferentes usuários. Esses fatores fazem com que, em muitas situações, é provável que o reuso de água cinza, e até mesmo a captação de águas de chuva, não seja a opção mais adequada.

Embora o projeto do edifício possa auxiliar na economia de água, é o usuário final que vai decidir quanta água será desperdiçada. A educação da sociedade é, portanto, determinante. Embora as ações governamentais no tema tenham sido historicamente limitadas, ações de ONGs como a Água e Cidade são exemplares, ao promover a cursos de capacitação em escolas (Programa Água na Escola) e de gestões de água em edifícios.

Existem também no País políticas públicas, como o Programa de Uso Racional de Água (Pura), tanto em nível dos estados, como o de São Paulo (Sabesp), como de entidades, como a USP, para o Estado de São Paulo. No entanto, as políticas públicas para instalação de sistemas de medição individualizada de água, em edifícios residenciais multifamiliares e edifícios comerciais, ainda progridem lentamente no País, sendo que sua introdução é feita de forma tecnicamente inadequada [9].

Sem uma ação articulada, a demanda por água deverá aumentar nos próximos anos, tanto como resultado do aumento da população quanto do desenvolvimento, gerando problemas nas grandes cidades, como São Paulo[11]. Assim, os problemas do uso sustentável da água no Brasil são resultado de concentração do consumo, perdas do sistema e contaminação das fontes, o que demanda aumento do tratamento de esgoto e políticas adequadas relativas a fontes contaminantes. A construção poderá contribuir com a solução, colaborando na eliminação das perdas na distribuição, implementando sistemas mais eficientes em edifícios e educando seus clientes.

7.2 Energia

O consumo de energia vem crescendo exponencialmente na sociedade moderna: estima-se que, em 2003, o consumo diário de energia foi de 46.300 kcal/habitante, mais de 23 vezes superior à quantidade de energia necessária para a sobrevivência biológica, cerca de 2.000 kcal/dia[12], sendo que as regiões mais desenvolvidas apresentam um consumo muito superior às demais.

Toda a geração de energia implica impacto ambiental. Em nível mundial, mais de 80% da energia é produzida a partir de fontes combustíveis fósseis, gerando poluentes como NO_x e SO_2 e a maior parte do CO_2 antropogênico mundial: a energia fóssil é responsável pela maior parte da mudança climática. Cerca de 6% da energia mundial é gerada por fissão nuclear, sendo responsável pela geração de uma grande quantidade de resíduos nucleares que permanecerão perigosos por até cem mil anos, além dos riscos inerentes de manutenção dessas usinas, que ficaram evidentes com os vazamentos da usina de Fukushima, após o terremoto e o tsunami que assolou o Japão em fevereiro de 2011.

O Brasil possui uma situação privilegiada, com uma matriz de geração de eletricidade renovável, dominada pelas hidrelétricas. Mesmo a geração de energia renovável, como a hidrelétrica, fotovoltaica e de vento, implica impactos associados à produção dos sistemas geradores, seus equipamentos e linhas de transmissão[13]. A tendência de produção de hidroeletricidade na Amazônia agrava os impactos ambientais, incluindo a destruição do bioma pela construção e do lago resultante, seja pela necessidade de abrir longas picadas para instalar linhas de transmissão, que deverão ser mantidas, e até pela necessidade de transportar cimento e outros materiais a enormes distâncias. Adicionalmente, existem implicações sociais, com a transformação, e até o deslocamento, das comunidades locais, o drama das grandes massas de operários migrantes etc.

Um fato importante é que a parcela de energias renováveis na matriz deverá diminuir nos últimos anos. Conforme o planejamento do governo, diferentemente da maioria dos países do mundo, o País não deverá ter uma melhora na sua matriz até o ano 2030 [14]. No momento, o consumo *per capita* está próximo da média mundial, cerca de cinco vezes inferior ao norte-americano[12] e espera-se que cresça significativamente.

Outras ações e considerações finais

A operação do ambiente construído brasileiro foi responsável por 44% do consumo de energia elétrica em 2007[15], sendo a metade desse consumo feito pelas residências. Embora o Plano Nacional de Eficiência Energética mencione um potencial de redução do consumo médio de energia nos edifícios, de 30% (sendo de 50% para edifícios novos) [16] é de se esperar o que é registrado no Plano Nacional de Energia, no qual está previsto um crescimento acentuado do consumo de energia elétrica total e *per capita* até 2030, em todos os cenários[17]. Segundo esse estudo, o consumo residencial médio irá de 138 kWh/mês (2005) para algo entre 245 a 308 kWh/mês, em 2030, dependendo do cenário econômico, um crescimento entre 77 e 120%, um valor nada desprezível, apesar do planejamento em investimento em eficiência energética. Parte fundamental desse crescimento se deverá especialmente à introdução de outros eletroeletrônicos, mas a penetração de quase todos os equipamentos, particularmente do ar-condicionado, deverá aumentar.

Na prática, em uma abordagem tradicional, a construção influencia em cerca de metade do consumo – particularmente energia para condicionamento (20%); aquecimento de água (24%) –, que pode ser reduzido pela possibilidade de instalação de aquecedores solares, muito relevante para essa finalidade, embora cerca da metade dos consumidores não esteja disposta a adotar a tecnologia; e iluminação (14%), que pode ser reduzido pelo incentivo à iluminação natural por projetos mais eficientes[18]. Existem diferenças importantes entre as regiões – na Região Norte o ar-condicionado é responsável por cerca de 40% do consumo energético e o chuveiro somente 2% – o que vai requerer estratégias locais. Não se pode esquecer que, em todas as situações, os usuários e seus hábitos exercem considerável influência no resultado final, assim como no consumo de água.

Medidas governamentais são imprescindíveis, seja pela educação de consumidores ou pela exigência de aumento da eficiência energética de aparelhos elétricos.

A economia de energia é também relevante do ponto de vista econômico, pois o investimento na geração de energia é elevado, sendo planejado um investimento de superior a US$ 800 bilhões entre 2005-2030[19]. Apenas no setor elétrico, mais diretamente ligado ao uso de edifícios, espera-se um investimento de US$ 168 bilhões na geração e US$ 68 bilhões na transmissão de energia entre 2005 e 2030. A geração de 1kWh de eletricidade tem custo entre US$ 1.100 até US$ 2.500/kW[22]. Em outras palavras, um chuveiro elétrico de 5kW de potência, e que custa menos de R$ 50, vai exigir um investimento governamental de, no mínimo, US$ 1.000 em geração de eletricidade. Esse investimento vem sendo bancado, em grande parte, com recursos públicos. A economia de energia tem, portanto, um significado social.

Existe um sofisticado conjunto de políticas públicas na área de energia no País, incluindo a Lei de Eficiência Energética (Lei 10295/01), recursos para pesquisas (Lei 9991/00), estatísticas detalhadas – embora imprecisas em alguns aspectos, como o Balanço Energético Nacional e o planejamento de longo prazo (Plano Nacional de Energia). As iniciativas para melhoria da eficiência energética estão a cargo do Programa Nacional de Conservação de Energia Elétrica (Procel), gerenciado pela Eletrobras. Recentemente, o conceito foi estendido para o setor de edificações, na forma do Procel Edifica, que, pela primeira vez, permite classificar os edifícios residenciais e comerciais de acordo com seu potencial de eficiência energética [20]. Esses selos são voluntários, enquanto, em países desenvolvidos, existem regulamentos de eficiência energética obrigatórios para edifícios. Os resultados esperados são, portanto, modestos, a menos que prefeituras passem a adotá-los como requisitos mínimos em seus códigos de obra.

A ação do Procel no âmbito dos aparelhos elétricos é mais antiga e o selo bastante popular. No entanto, os níveis de eficiência exigidos – tanto no mínimo quanto nos níveis mais altos – estão, muitas vezes, longe de incentivar melhorias no mercado, e não existe qualquer mecanismo de melhoria, como o de aumentar progressivamente a exigência de eficiência energética, que outros países utilizam, em particular o Japão[21]. Por exemplo, no caso do selo Procel de ar condicionado o nível da classificação A (a mais eficiente) está próximo ao limite inferior do padrão dos Estados Unidos em 1997, **embora não exista defasagem tecnológica que justifique essa diferença**[22]. O governo tem tido maior facilitade em iniciativas que ampliam o faturamento do setor elétrico, como no recente plano de banimento das lâmpadas incandescentes e sua substituição por fluorescentes compactas (portarias 1007 e 1008, de 06 de janeiro de 2011) que deverá multiplicar por 10 o custo dos equipamentos, embora deva reduzir significativamente o custo da conta elétrica. Essa iniciativa, que tem sido uma tendência mundial, terá um custo elevado para os consumidores brasileiros e, pior ainda, foi implementada sem que fossem adequadamente introduzidos meca-

Outras ações e considerações finais

nismos que garantam a qualidade, a vida útil e o controle do impacto ambiental dessas lâmpadas compactas.

Ainda falta, na área, uma visão de mais longo prazo: inexistem, até o momento, políticas para incentivar o desenvolvimento de soluções avançadas como os edifícios *zero net energy* que já estão integrados nas políticas públicas de muitos países. Existe uma clara resistência do setor elétrico em permitir a geração decentralizada de energia. O mais impressionante é que, como os brasileiros pagam a maior tarifa de eletricidade do mundo[23] – ao menos para o consumidor de classe média, que não conta com energia subsidiada –, em muitas regiões do País a energia fotovoltaica começa a ficar competitiva em termos de custo, embora ainda exija investimentos substanciais[1]. Se não houver um conjunto de ações imediato para desenvolver o conhecimento necessário, é provável que o País seja forçado a adotar, mais uma vez, soluções otimizadas para realidades diferentes.

É, certamente, necessário aumentar o engajamento da sociedade, reduzindo o poder de grupos de pressão interessados em manter os níveis de classificação abaixo do que é praticado em nível mundial.

7.3 Certificação de produtos e empreendimentos

Em uma lida rápida de jornais e revistas parece que construção sustentável se resume a certificação de produtos (selo verde) e de edifícios (os *green buildings*). Existe por parte do setor, tanto na indústria como no movimento ambientalista, uma crença de que a certificação irá mudar o mundo e o mercado de consumo. A cada semana surgem novos selos e, em muitos casos, o consumidor pode escolher selos diferentes para um mesmo tipo de produto.

Em linhas gerais, a certificação é um instrumento de comunicação (marketing) que informa ao consumidor que determinado produto ou serviço atende aos requisitos mínimos de uma especificação. Espera-se que o produto certificado ganhe a preferência dos consumidores e reduza o mercado do produto que não atende essa norma de qualidade.

A certificação para os produtos, sistemas e serviços inovadores ou não, tem sido uma ferramenta popular também na área de qualidade.

---

1 Informações de Roberto Lamberts em palestra na EEGlobal 2011 Energy Efficiency Global Forum, Bruxelas, 12-24 abril 2011.

Para o que já é consagrado, a certificação é um instrumento para o consumidor, por garantir que o bem adquirido atende à especificação previamente acordada. A certificação mais reconhecida é a de terceira parte, onde uma certificadora atesta que o produto, sistema ou serviço, atende aos requisitos de uma norma. A frequência com que o produto certificado é controlado determina, juntamente com a seriedade e confiabilidade da certificadora, o grau de confiança que se pode depositar em um selo. A maioria dos certificados está baseada em um ensaio de tipo, não incluindo acompanhamento do mercado: durante o prazo de validade do selo o fabricante não será controlado. Nessa metodologia, espera-se que o produtor mantenha os padrões que demonstram ser capazes de atingir.

Para itens já normalizados, a certificação tem uma rotina bem estabelecida, e, no País, as entidades certificadoras são credenciadas pelo Inmetro. Alguns desses produtos, especialmente os relacionados com segurança, têm certificação obrigatória.

No entanto, mesmo nesse mercado oficial de certificação, observa-se que, muitas vezes, os selos podem enganar, pois as certificadoras (e os fabricantes) falham em cumprir o seu papel. O PBQP-H revela que quase 30% dos extintores de incêndio, que têm certificação compulsória, não atendem à normalização[24] – e esse valor já foi significativamente maior.

Existe também a autocertificação, na qual o produtor declara que cumpre determinada norma ou padrão. Embora possa ser útil, quando não existe punição criminal prevista para a falsa declaração, ela certamente abre espaço para a informalidade. Mas, mantida a boa fé, cumpre o papel de fornecer ao consumidor uma ideia sobre o desempenho esperado.

Para produtos, sistemas e serviços inovadores, a certificação fica bem mais complexa, sendo necessária a definição de protocolos de avaliação. Nesse caso, nenhum selo pode ser melhor que a metodologia adotada pela avaliadora. Esta deve divulgar claramente a metodologia adotada, bem como as suas incertezas, para que as partes assumam conscientemente os seus riscos. Infelizmente, esse não é um procedimento padrão.

Se a especificação que embasou a emissão do selo não for publicamente conhecida, de preferência, previamente à emissão do selo, o certificado não terá qualquer significado objetivo, servindo apenas como

Outras ações e considerações finais

ferramenta de propaganda, pois o certificador pode ter adotado qualquer critério de análise e qualquer procedimento de amostragem. Essa liberdade dos certificadores em criar seus próprios critérios, sem que tenham sido submetidos a qualquer controle, permite a proliferação de selos que, muitas vezes, nada significam, mas são formalmente perfeitos. É perfeitamente possível estabelecer como único critério para um "selo verde" a que o produto seja da cor verde – o que talvez fosse o menos discutível dos critérios possíveis! Os mercados de alimentação, higiene e construção – particularmente "*green*" – estão cheios desse tipo de selo ou certificado.

Dois produtos certificados podem ter desempenho distinto, mesmo atendendo à certificação estabelecida, pois um deles pode incluir outros atributos ou apresentar desempenho superior ao mínimo. É possível que um produto certificado por algum aspecto ambiental (por exemplo, conteúdo de resíduos) não atenda requisitos de segurança ou desempenho. Em um evento sobre Construção Sustentável, causou surpresa aos participantes, quando o palestrante demonstrou que o aprimoramento de um projeto residencial certificado pelo Breeam (sistema inglês que, no momento, tenta penetrar no mercado brasileiro) teria um potencial de reduzir mais ainda o consumo de energia e de água em 30% e 20%, respectivamente.

Em outras palavras, certificado não significa ótimo. Não basta ter o produto, sistema ou serviço certificado, é necessário compreender o seu alcance. Certificados e selos podem ser úteis, mas seu significado prático depende da abrangência e relevância das regras com as quais foi analisado, bem como do rigor, da frequência e da isenção do processo de verificação e de quem faz a inspeção.

Hoje, como já relatado anteriormente no Capítulo 2, o mercado de certificação de edifícios no Brasil conta com duas certificações importadas e adaptadas, o Leardership in Energy and Environmental Design (Leed), aplicado pelo GBC Brasil – apresentado como "o maior sistema de certificação" de edifícios – e o francês HQE – Haute Qualité Environnementale (no Brasil apresentado como Alta Qualidade Ambiental – Aqua). O método inglês Breeam – seguramente o certificado mais influente em seu mercado de origem – tenta, neste momento, se introduzir no País. A Caixa Econômica Federal está oferecendo aos seus clientes, sem custo, a certificação Selo Casa Azul de Construção Sustentável, único produto desenvolvido exclusivamente para a realidade brasileira (o manual disponível no site da Caixa é uma coleção de estratégias e ideias para quem quer construir). Para materiais e componentes, existem, pelo menos, três certificações (duas estreitamente ligadas ao Leed) e outras duas certificações de madeira (FSC e Cerflora). A ABNT está discutindo normas de selo verde. Acima disso, e em caráter oficial, existe o selo Procel, aqui referido, que se desdobra em um programa para equipamentos (aparelhos de ar condicionado, geladeiras, fogões) e outro para edifícios, o chamado "Procel Edifica".

Essa proliferação de certificações e selos não é exclusividade do mercado brasileiro. O mercado norte-americano de *green building* está inundado de selos: são bem mais de 20 certificados de produtos, além de vários sistemas de certificação de empreendimentos imobiliários. Certificações e selos podem ser considerados negócios: organizações vendem esses serviços. Em tese, devem permitir a um leigo identificar produtos que apresentem características desejáveis, que os diferenciem dos concorrentes no mercado. São importantes quando as características que tornam o produto diferente não são aparentes, como no caso da madeira de manejo. No entanto, a proliferação de sistemas de certificação e selos traz mais confusão do que esclarecimento. E o que é pior, muitas vezes, falsas certezas.

Existem, no mercado brasileiro, certificados de produtos "verdes" cujas regras, processos e frequência de verificação não são públicos. Não são conhecidos os critérios adotados, muito menos a sua abrangência. Alguns servem de base para emitir... outros selos. Portanto não é possível avaliar sua relevância, sua aplicação, sua validade. Servem, na verdade, como um «verniz verde». Assim, nem todos os selos são relevantes: não é recomendável tomar decisão com base na presença de selos ou certificados cujas regras não são feitas públicas ou cujo significado não se compreende.

Os selos *green buildings* (não confundir com edifícios sustentáveis, pois estes devem incluir variáveis socioeconômicas) são, via de regra, mais complexos. Na maioria dos casos, as regras básicas (infelizmente não as regras detalhadas) são públicas. Quem estruturou esse sistemas tomou decisões sobre o que é prioritário na agenda ambiental e decidiu privilegiar determinadas soluções em detrimentos de outras – por razões, muitas vezes, arbitrárias. No caso de sistemas importados, as prioridades refletem a agenda de desenvolvimento sustentável dos países de origem, bem como a estratégia adotada. Uma comparação entre o Leed e o Aqua, no quesito materiais de construção revela a magnitude da diferença entre estes dois sistemas: o primeiro privilegia o teor de resíduos e compostos orgânicos voláteis; o segundo, a existência de declaração ambiental de produto (uma descrição detalhada e abrangente dos impactos ambientais do produto ao longo do ciclo de vida) e a durabilidade esperada. Já o Selo Casa Azul aborda medidas para reduzir as perdas de materiais em canteiro. Elas refletem diferenças no estágio de desenvolvimento ambiental do país (a França certamente mais evoluída que o Brasil e os Estados Unidos) e as opções realizadas para atingir a sustentabilidade.

Como não medem nem minimizam impacto ambiental essas certificações são elaboradas para induzir o mercado no caminho que acredita-se, na média, reduza o impacto ambiental considerando inclusive as particularidades do setor de construção de cada país. Nesse sentido, a competição de certificações diferentes em um mesmo mercado provavelmente reduz a eficácia, pois incentiva o mercado a caminhar por diferentes caminhos[26].

Certificações importadas, mesmo adaptadas, não refletem a agenda de um país e, portanto, têm efetividade reduzida. Muito do que foi desenvolvido em um país, dentro de uma lógica e estratégia locais, se torna algo arbitrário e, algumas vezes, até sem sentido em outro ambiente. É o caso das famosas vagas para carros com combustíveis renováveis e pontos de recarga de carros elétricos em edifícios certificados brasileiros. A afirmação de que é necessário um certificado reconhecido internacionalmente ignora a regra básica do desenvolvimento sustentável: problemas globais, soluções locais. Dizer que empresas transnacionais teriam dificuldades de entender certificados locais ofende a inteligência, inclusive das transnacionais.

Na prática os selos de edifícios que não são parte de uma poítica pública mais ampla (como o Breeam , na Inglaterra) estão confinados ao mercado de edifícios e empreendimentos sofisticados. No Brasil, exceto pela nascente certificação Selo Casa Azul, a prática tem sido restrita a edifícios corporativos de altíssimo padrão. O interessante é que estudos de edifícios em uso ainda debatem quanta energia esses edifícios certificados economizam de fato[28,29], sendo que é provável que 1/3 deles apresente consumo de energia superior a um edifício típico – o que revela as dificuldades de simular o desempenho energético em uso, particularmente em virtude das interferências dos usuários em sistemas de operação complexa, e, eventualmente, algum problema de informalidade relacionada à certificação.

Em resumo, como nenhuma das certificações atuais está baseada em quantificação e minimização dos impactos ambientais – o que é somente possível empregando-se conceito de análise do ciclo de vida – elas apenas incentivam algumas medidas, e, portanto, dão resultados incoerentes sendo que não existe qualquer equivalência entre edifícios certificados por diferentes sistemas[25]. Enquanto as metodologias de simulação do desempenho em uso não forem aperfeiçoadas significativamente, e os sistemas de certificação não forem baseados em análise do ciclo de vida, tudo o que se pode afirmar é que um o edifício certificado, construído, na realidade, em função do certificado para o qual foi desenvolvido, tem a probabilidade de ter menor impacto ambiental. E essa probabilidade decresce na medida direta de o usuário não ter compromisso com o tema.

As certificações têm sido justificadas, do ponto de vista teórico, pelo fato de os consumidores estarem dispostos a pagar mais por empreendimentos certificados. Os outros, não tão desejáveis (menos verdes ou de menor qualidade), seriam retirados do mercado. No mercado de escritórios dos Estados Unidos, os edifícios certificados com Leed e Energy Star conseguem aluguéis e preços de venda mais elevados[27]. No entanto, a quantidade de edifícios comerciais certificados pelo Leed em todo o mundo é, atualmente, de pouco mais de 9.000 edifícios, quantia irrisória frente ao total de edifícios construídos. No Brasil, segundo o Green Building Council Brasil, como mencionado no Capítulo 2, até março de 2011 haviam sido certificados apenas 24 empreendimentos dentre 255 registrados (163 dos quais, antes de 2009). Os dados sugerem que a perda de mercado dos produtos não certificados é marginal e que os benefícios práticos de redução do impacto ambiental são muito pequenos – até porque edifícios comerciais são uma fração pequena do total de edifícios. Adicionalmente, a penetração de certificação em mercado residencial é muito pequena[2], pois o custo de uma residência é extremamente elevado para a quase totalidade das pessoas, o que dificulta a prática do sobrecusto da certificação e o resultante sobre-

---

2 O Breeam inglês, ao ser adotado por municípios como código de edificações, conseguiu grande penetração no setor residencial. O Leed, até junho de 2011, declarou certificar cerca de 12 mil residências, boa parte delas no período anterior à bolha imobiliária dos Estados Unidos.

preço – o que talvez possa mudar com a filosofia simples e barata do Selo Casa Azul.

Várias perguntas fundamentais ficam sem respostas: qual a contribuição da certificação de edifícios para a redução significativa do impacto ambiental da cadeia produtiva da construção brasileira? Como os edifícios certificados vão influenciar a construção autogerida, que consome mais da metade dos materiais? Como certificações estrangeiras, não baseadas em análise do ciclo de vida, podem colaborar para melhorar a construção brasileira? Como um mercado pequeno e extremamente sofisticado como os dos edifícios de escritório certificados pode inspirar a construção do dia a dia?

Parece-nos claro que, se por um lado, uma certificação adequada à realidade de um país e integrada às políticas públicas locais (como o selo Casa Azul) é certamente útil, enquanto certificações importadas e que competem no mercado e de alto custo de implantação têm contribuição global pequena – estão restritas ao mercado *premium*. Em todos os casos, isoladamente, nenhum sistema de certificação voluntário tem qualquer potencial de reduzir o impacto médio da construção na escala que a sustentabilidade demanda, particularmente, em países em desenvolvimento. Precisamos, em suma, de um conjunto de políticas públicas integradas de forma sistêmica. Nesse escopo, certificados desenvolvidos para essa realidade têm seu papel garantido.

7.4 Considerações finais

Em todo o livro foi frisado que sustentabilidade é um conceito complexo, resultado de uma série de ações que, nem sempre, são convergentes, e que depende do comprometimento de toda a cadeia produtiva da Construção Civil, além de uma postura incentivadora do Governo e das entidades que regulam e normalizam o setor. Particularmente, na Construção Civil, mais que nos outros setores, o usuário tem um papel preponderante para a sua sustentabilidade. É um tema não adequadamente estudado, mas que se mostra imprescindível para a viabilização e consolidação das ideias de uma construção mais sustentável.

Por isso, no texto se destacou a importância do relacionamento do setor com os seus usuários e se considerou positiva a ação governamental de estabelecer uma classificação indicativa do consumo de energia de certos produtos, apesar da sua deficiência ter sido alertada. São ações desse tipo que podem conscientizar a população sobre a importância de prestigiar as construções mais sustentáveis.

Uma dimensão que não foi abordada, mas que é de suma importância para o Brasil, que tem quase 85% de sua população na zona urbana, é o desenvolvimento de cidades sustentáveis onde a Construção Civil tem um papel de destaque. Os estudos são ainda embrionários, mas já se tem experiências no exterior, mesmo que sejam ainda um tanto utópicas, como as realizadas nos Emirados Árabes Unidos.

A preocupação que perpassou todo o texto é o tema da sustentabilidade ser utilizada apenas como marketing empresarial, sem que os empresários e a sociedade estejam convictos de que podemos melhorar a qualidade de vida da população, prejudicando minimamente o meio ambiente, com soluções economicamente viáveis e socialmente satisfatórias.

Oportunidades para a inovação

Cada item desse capítulo apresentou inúmeras possibilidades para a aplicação de inovações, buscando a maior sustentabilidade das construções.

Para a redução do consumo de água e de energia as inovações são imprescindíveis, e algumas foram mencionadas como exemplo. Lembrando que ainda estamos longe da economia desejável para esses insumos (no texto cita-se a discrepância das exigências nacionais de um eletrodoméstico com as do Estados Unidos, mas vale também a comparação com as da China), essa é uma área carente de novidades. Um avanço importante seria a medição de consumos de água e eletricidade com o consumo de cada equipamento individualizado, permitindo o diagnóstico e a tomada de decisões mais precisas. Os dados também facilitariam o estabelecimento de políticas públicas adequadas.

A introdução de melhorias incrementais em materiais e componentes convencionais de forma a reduzir seu impacto ambiental é também uma tendência, pois não será possível substituir a enorme estrutura industrial que atende à construção, em um espaço de tempo razoável.

O exemplo do concreto, apresentado no quadro do primeiro capítulo, é muito válido, para manter a indústria ativa. Esse exemplo pode ser am

> pliado para toda a cadeia da Construção Civil, tornando o setor mais competitivo e mais bem reconhecido pela sociedade. No entanto, também se destacou a necessidade de melhorias radicais para atender as reais necessidades de sustentabilidade.
>
> Enquanto as melhorias incrementais são normalmente realizadas nas grandes empresas, as inovações radicais, pela experiência internacional, são mais comumente desenvolvidas em pequenas empresas, que têm cultura e estrutura adequadas para esse fim. Depois do desenvolvimento, que tem riscos, essas inovações radicais são absorvidas pelo mercado, seja pela compra de patentes ou até pela aquisição das próprias empresas pequenas pelas grandes companhias. Portanto, a inovação é um campo fértil para empresas de todo o tamanho.

Referências bibliográficas

1. UNEP. *GEO3 – Global environment outlook 3.0*: past, present, andfuture perspectives. Nairobi: Unep, 2002.

2. CEBEDS, A. *Água*: fatos e tendências. Brasília: ANA/Cebes, 2009.

3. HESPANHOL, I. Um novo paradigma para a gestão de recursos hídricos. *Estud. Av.* v. 22, 2008.

4. MINISTÉRIO DAS CIDADES. *Diagnóstico de serviços de água e esgoto mostra evolução de investimentos no Brasil*, 2010.

5. JOHN, V. M. Materiais de construção e meio ambiente In: *Materiais de construção civil e princípios de ciência e engenharia de materiais*, 1. ed. São Paulo: Ibracon, 2007. p. 95-118.

6. BILA, D. M.; DEZOTTI, M. Fármacos no meio ambiente. *Quím. Nova* v. 26, 2003.

7. CHRISTANTE, L. Descarga de hormônios. *Unesp Ciência*. v. 1, p. 18-24, 2010.

8. DE OLIVEIRA, L. H.; DE O. ILHA,M. S.; GONÇALVES,O. M.; YWASHIMA, L.; REIS, R. P. A.; Levantamento do estado da arte: Água. In: *Tecnologias para construção habitacional mais sustentável*. São Paulo: PCC USP/ Finep, 2007. p. 107.

9. DE OLIVEIRA, L. H.; DE O. ILHA, M. S. Gestão da Água. In: *Boas Práticas para habitação mais sustentável* (Selo Casa Azul). São Paulo: Caixa, Páginas e Letras, 2010. p. 156-173.

10. DE M. PEIXOTO, L. *Requisitos e critérios de desempenho para sistema de água não potável de edifícios residenciais*. 2008. Dissertação (Mestrado) – Escola Politécnica da USP, São Paulo, 2008.

11. MCKINSEY & COMPANY. *Charting our water futureeconomic frameworks to inform decision-making, 2030*. Water Resources Group, 2009.

12. GOLDEMBERG, J.; LUCON, O. Energia e meio ambiente no Brasil. *Estud. Av.* v. 21 2007.

13. ALVES, L. A.; UTURBEY, W. Environmental degradation costs in electricity generation: The case of the Brazilian electrical matrix. *Energy Policy*. v. 38, p. 6204-6214, 2010.

14. TOLMASQUIM, M. T.; GUERREIRO, A.; GORINI, R.; Matriz energética brasileira: uma prospectiva. *Novos Estudos*, Cebrap, p. 47-69, 2007.

15. ANEEL. Atlas de Energia Elétrica do Brasil, 3. ed. Brasília: Aneel, 2008.

16. MINISTÉRIO DE MINAS E ENERGIA. *Plano nacional de eficiência energética* – premissas e diretrizes básicas na elaboração do plano, 2010.

17. MINISTÉRIO DE MINAS E ENERGIA. Empresa de Planejamento Energético. *Plano Nacional de Energia 2030*. Brasília, 2007.

18. ELETROBRAS. *Pesquisa de posse de equipamentos e habitos de uso* – ano base 2005 – classe residencial. Procel Eletrobrás, 2007.

19. MINISTÉRIO DE MINAS E ENERGIA. Projeções. In: *Plano Nacional de Energia 2030*. Brasília: MME/EPE, 2007.

20. CÂNDIDO, C.; LAMBERTS, R.; DE DEAR, R.; BITTENCOURT, L.; DE VECCHI, R. Towards a Brazilian standard for naturally ventilated buildings: Guidelines for thermal and air movement acceptability. *Building Research and Information*, v. 39, p. 145-153, 2011.

21. BUNSE, M.; IRREK, W.; HERRNDORF, M.; MACHIBA, T.; KUHNDT, M. *Top Runner Approach*, UNEP/Wuppertal Institute, 2007.

22. SCHAEFFER, R.; SZKLO, A.; DE GOUVELLO, C. *Energia*: cenário de baixa emissão de carbono no Brasil. Washington D.C.: World Bank, 2010.

23. AGÊNCIA ESTADO. País tem uma das tarifas de energia mais caras. São Paulo, 2010.

24. PBQP-H, *Sistema de qualificação de materiais, componentes e sistemas construtivos* (SiMaC), (n.d.).

25. Haapio, A.; Viitaniemi, P. A critical review of building environmental assessment tools. *Environmental Impact Assessment Review*. v. 28, p. 469-482, 2008.

26. Cole, R. Shared markets: Coexisting building environmental assessment methods. *Building Research and Information*. v. 34, p. 357-371, 2006.

27. Fuerst, F.; McAllister, P. M. *New evidence on the green building rent and price premium*. SSRN eLibrary, 2009.

28. Newsham, G. R.; Mancini, S.; Birt, B. J. Do LEED-certified buildings save energy? Yes, but... *Energy and Buildings*, v. 41, p. 897-905, 2009.

29. Scofield, J. H. Do LEED-certified buildings save energy? Not really... *Energy and Buildings*. v. 41, p. 1386-1390, 2009.